SAMMLUNG GÖSCHEN BAND 619

Einführung in die Kristalloptik

Von

Dr. Eberhard Buchwald
Professor an der Universität Jena

Vierte, verbesserte Auflage

Mit 121 Figuren

Walter de Gruyter & Co.
vormals G. J. Göschen'sche Verlagshandlung · J. Guttentag, Verlagsbuchhandlung · Georg Reimer · Karl J. Trübner · Veit & Comp.

Berlin 1952

Archiv-Nr. 11 06 19
Druck von Harry Bartels, Berlin-Charlottenburg 5
Printed in Germany

Inhalt

Literatur zu den Teilen I bis III

F. Pockels, Lehrbuch der Kristalloptik, Leipzig und Berlin 1906.

Ferner die Darstellungen der Kristalloptik in den größeren Hand- und Lehrbüchern der Physik oder Kristallographie:

Handbuch der Physik von Geiger und Scheel, Band 20, Beitrag Kristalloptik von G. Szivessy, 1928.

Handbuch der Experimentalphysik von Wien und Harms, Band 18, Beitrag Kristalloptik von H. Schulz, 1928.

Th. Liebisch, Grundriß der physikalischen Kristallographie, Leipzig 1896.

H. Rosenbusch, Mikroskopische Physiographie der Mineralien und Gesteine, 5. Aufl., herausg. von E. A. Wülfing, Band I (1), Untersuchungsmethoden, Stuttgart 1921—1924.

P. Niggli, Lehrbuch der Mineralogie und Kristallchemie I, Berlin 1941.

Literatur zum Teil IV siehe daselbst.

§ 1. Einleitung

Die Kristalloptik handelt von den „Taten und Leiden" des Lichts in Kristallen. Kristalle sind Körper, deren Atome regelmäßig, in einem „Raumgitter", angeordnet sind: das gibt dem Gebiete sein eigentümliches Gepräge. Das Licht aber, das wir bald im elektromagnetischen Wellen-, bald im Korpuskelbilde zu sehen uns gewöhnt haben, erscheint uns hier so rein wie sonst selten als Wellenbewegung; die Kristalloptik ist der feinste Prüfstein jeder Wellentheorie des Lichts.

Genau genommen hätten wir die Vorstellung durchzuführen, daß das einfallende Licht die Partikeln des Kristallgitters zum Mitschwingen erregt und daß die beobachtbaren Tatsachen sich als Überlagerung der einfallenden und aller sekundären „Elementarwellen" deuten lassen. So werden wir tatsächlich im letzten Teile verfahren — aber dieser Teil wird kurz sein, einmal, weil die umständlichen Summationen und sonstigen mathematischen Hilfsmittel sich einer elementaren Darstellung größtenteils entziehen, hauptsächlich aber, weil in den meisten Fällen ein einfacheres Vorgehen zum Ziele führt. Denn ebenso wie die geometrische Optik von der Wellenoptik die Erlaubnis erhält, innerhalb gewisser Grenzen mit ihren „Lichtstrahlen" und deren Spiegelungen, Brechungen und Schnittpunkten Geometrie zu treiben — und sie erzielt damit z. B. bei der Durchrechnung von Linsensystemen die erstaunlichsten Erfolge, obwohl doch jedermann weiß, daß es so etwas wie einzelne Lichtstrahlen gar nicht gibt! —, ebenso gestattet die Gitteroptik, gegebenenfalls von dem atomaren Feinbau des Kristalls völlig abzusehen.

Wann das geschehen darf, hängt von dem Größenverhältnis der Lichtwellenlängen zum gegenseitigen Abstande der Kristallpartikeln ab. Dieser liegt nach Aussage der Atomtheorie in der Größenordnung der Ångströmeinheiten (1 Å = 10^{-8} cm). Arbeitet man mit Röntgenlicht, dessen Wellenlängen gleichfalls um 1 Å liegen, so muß jedes Kristallatom als Einzelwesen behandelt werden; liegt eins im Wellenberg des Lichts, so sein Nachbar im gleichen Augenblick keineswegs mehr. Hier ist eine Verwischung der atomaren Unterschiede unzulässig, die gitteroptische Darstellung unvermeidbar. Das sichtbare Licht anderseits, um das es sich im folgenden allein handeln wird, hat Wellenlängen zwischen etwa 4000 Å im Violett und 7200 Å im Rot. Sie sind so viel größer als der mittlere Partikelabstand, daß man in der Kristalloptik des Sichtbaren, das ultraviolette und ultrarote Nachbargebiet einbegriffen, von den Einzelatomen absehen, die Atome sozusagen über den Raum verschmieren darf. Bei dieser Einebnung aber geht zunächst die Vorstellung der regelmäßigen Anordnung der Partikeln verloren, und man schafft summarisch und formal dadurch Ersatz, daß man den Kristall als zwar „homogenen", d. h. in den kleinsten Bereichen gleichartigen, aber „a n i s o t r o p e n" Körper auffaßt, d. h. ihn in den verschiedenen Richtungen mit verschiedenen physikalischen Eigenschaften begabt, insonderheit ihm verschiedene Werte der Lichtgeschwindigkeit in den einzelnen Richtungen zuschreibt[1]).

Man könnte die leitenden Gedanken der Kristalloptik also darstellen, indem man von den Grundgleichungen der elektromagnetischen Lichttheorie, den M a x w e l l - s c h e n G l e i c h u n g e n, ausgeht und auf den Fall der anisotropen Körper spezialisiert. Was man hierbei an formaler Glätte gewinnt, verliert man an geschichtlichem Verständnis und an Anschaulichkeit. Die Kristalloptik, anschaulich, formenschön und farbenfreudig wie kaum

[1]) Isotrope Festkörper kann man durch einseitigen Druck anisotrop machen. Darauf beruht eine technisch wichtige Methode zur Messung innerer Spannungen, die viele Ähnlichkeiten mit der Kristalloptik aufweist. S. z. B. L. F ö p p l und H. N e u b e r, Festigkeitslehre mittels Spannungsoptik, München-Berlin 1935. — G. M e s m e r, Spannungsoptik, Berlin 1939.

ein anderes Gebiet der Physik, wäre ein Musterbeispiel für den Unsegen solch rein deduktiver Behandlungsweise. Wir werden im Gegenteil mit einfachen Versuchen beginnen, denselben wie Olaf Römers Lehrer Erasmus Bartholinus vor bald 300 Jahren (1669). Wir werden sie zuerst mit Hilfe der gleichen einfachen theoretischen Hilfsmittel deuten, wie Huygens es bald darauf getan hat (1678), und wir werden diese Hilfsmittel weiterbilden wie Fresnel (1788 bis 1827), die bedeutendste Persönlichkeit der klassischen Wellentheorie. Dann erst, in § 12 und 13, werden wir die so gewonnene Übersicht in die elektromagnetische Gesamttheorie einbauen.

Vorausschicken aber wollen wir, um später nicht unterbrechen zu müssen, einen kurzen Überblick über die Kristallsysteme.

§ 2. Kristallsysteme [1]

Durch die geordneten Partikeln des Kristalls kann man in sehr verschiedener Weise Ebenen hindurchlegen, sogen. „Netzebenen", auf denen Partikeln liegen. Natürlich muß auch die Kristalloberfläche als eine partikelbesetzte Ebene zu diesen Netzebenen gehören, und wenn wir, wie in § 1 vorgeschlagen, von dem Feinbau zunächst ganz absehen, bleibt als einfachstes makroskopisches Kennzeichen der atomaren Regelmäßigkeit und der Ungleichwertigkeit der einzelnen Kristallrichtungen die Anordnung der natürlichen Begrenzungsflächen übrig. Diese Anordnung zeigt eine größere oder geringere Symmetrie, und man teilt nach ihr rein stereometrisch alle möglichen Kristallpolyeder in 32 „Klassen" ein. Jeder Klasse ist ein bestimmtes Koordinatensystem („Achsensystem", „Achsenkreuz") angemessen (wie immer in der Physik; dem Plattenkondensator sind kartesische, dem Kugelkondensator sind Polarkoordinaten „ange-

[1] Vgl. hierzu W. Bruhns, Kristallographie, neubearb. v. P. Ramdohr Sammlung Göschen Bd. 210, Berlin 1944. Neuauflage in Vorbereitung.

messen"): die Klassen, die auf das gleiche Achsenkreuz bezogen werden, faßt man zu einem „Kristallsystem" zusammen. Man unterscheidet deren sechs oder auch sieben.

1. Wir machen uns an einem Kristallsystem mittlerer Symmetrie die wichtigsten Begriffe klar, mit denen wir im folgenden zu arbeiten haben. Fig. 1 stellt einen Aragonitkristall dar. Wir können 3 verschiedene Ebenen durch diesen Kristall legen, die ihn in zwei spiegelbildlich gleiche Teile teilen; eine horizontale, die durch die Achsen *a* und *b* bestimmt ist, und zwei vertikale, eine durch *a* und *c*, eine durch *b* und *c*. Solche Ebenen heißen „Symmetrieebenen".

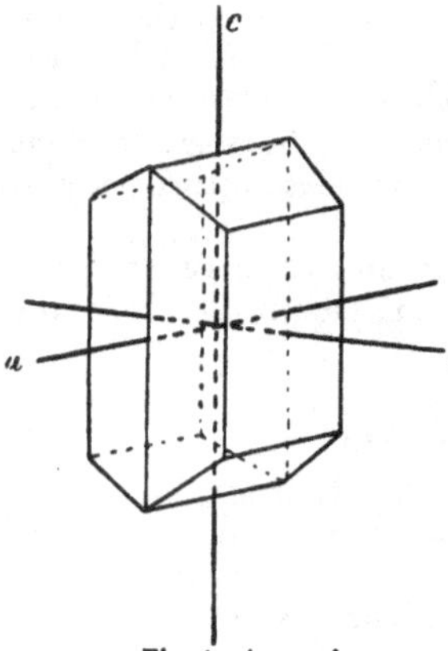

Fig. 1. Aragonit

Drehen wir den Kristall um die Achse *c*, so brauchen wir nicht um 360° zu drehen, bis er wieder mit sich selbst zur Deckung kommt: es genügt eine Drehung um 180°. Dasselbe gilt für die Geraden *a* und *b*. Derartige Geraden nennt man „Symmetrieachsen", und zwar nennt man Symmetrieachsen 2-, 3-, 4-, 6-zählig, je nachdem schon eine Drehung um $\frac{360^\circ}{2}, \frac{360^\circ}{3}, \frac{360^\circ}{4}, \frac{360^\circ}{6}$ den Kristall in die Deckstellung bringt. Der Aragonit hat also drei zweizählige Symmetrieachsen, die auf den drei Symmetrieebenen senkrecht stehen. Verallgemeinernd versteht man unter Symmetrieachse keine bestimmte Gerade, sondern nur eine bestimmte Richtung; jede Gerade parallel dieser Richtung führt die Bezeichnung Achse. Das erscheint durchaus sinnvoll, wenn man sich der atomaren Ordnung erinnert, die eine

Richtung, nicht aber eine Gerade auszeichnet. Der Kristall hat ferner ein „Zentrum der Symmetrie“, d. h. einen Punkt in seinem Innern, in Fig. 1 den Schnittpunkt der drei Achsen, mit der Eigenschaft, daß jede durch ihn gelegte Gerade auf beiden Seiten von ihm in gleicher Entfernung gleichwertige Kristallflächen trifft.

Fassen wir Symmetrieebenen, Symmetrieachsen und das Symmetriezentrum unter dem Namen „Symmetrieelemente“ zusammen, so können wir sagen: Die Symmetrieelemente des Aragonits sind drei aufeinander senkrechte Symmetrieebenen, drei sich unter rechten Winkeln schneidende Symmetrieachsen (die Schnittlinien der Symmetrieebenen!) und das Zentrum der Symmetrie. Alle Kristalle mit den genannten Symmetrieelementen gehören zum „rhombischen System“. Will man die bei ihnen möglichen Kristallflächen analytisch-geometrisch festlegen, so wählt man die drei Symmetrieachsen zu Koordinatenachsen. Diese drei Achsen sind nicht gleichwertig, nicht vertauschbar: wird z. B. eine von zwei Flächen senkrecht geschnitten, wie die b-Achse in Fig. 1, so gilt das für die anderen Achsen nicht.

2. Es gibt Kristalle von höherer und solche von geringerer Symmetrie als die des rhombischen Systems. Wir besprechen zunächst die letzteren.

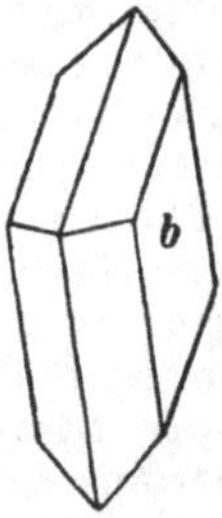

Fig. 2. Gips

Durch den Gipskristall Fig. 2 kann man nur eine Ebene legen, die ihn in spiegelbildlich gleiche Teile teilt. Sie liegt parallel zur Fläche b. Es ist auch nur eine zweizählige Symmetrieachse vorhanden, die auf der Symmetrieebene senkrecht steht und die man als eine der Koordinatenachsen wählt (während die beiden anderen in die Ebene b fallen, ohne einen Rechten miteinander zu bilden). Außerdem gibt es ein Zentrum der Symmetrie. Kristalle mit diesen Symmetrieelementen gehören zum „monoklinen oder monosymmetrischen System“. Erwähnt sei außer dem Gips der optisch wichtige Glimmer (vgl. S. 77).

Das „trikline oder asymmetrische System“ endlich besitzt weder eine Symmetrieebene noch eine Symmetrieachse, sondern nur das Zentrum der Symmetrie. Seine Flächen werden auf drei ungleichwertige, windschief zueinander gelegene Achsen bezogen.

3. Mehr Symmetrieelemente als das rhombische besitzen das „tetragonale“, das „hexagonale“ und das „reguläre System“; mit diesen sechs sind dann die Kristallsysteme erschöpft, es sei denn, daß man das hexagonale System nochmals unterteilt (s. Nr. 5).

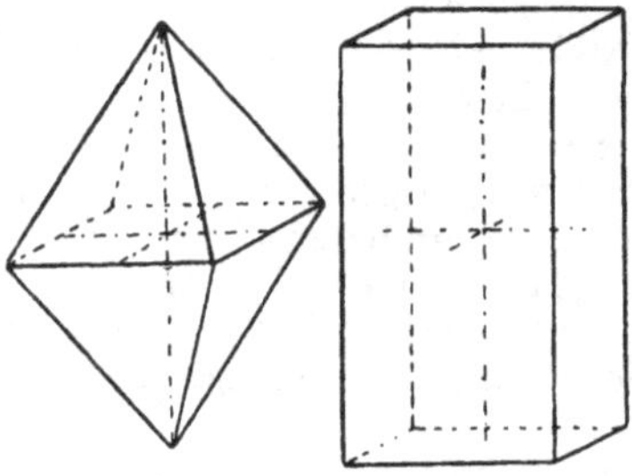

Fig. 3 Fig. 4
Tetragonale Kristalltypen

Fig. 3 und 4 stellen tetragonale Kristalltypen dar. Es gibt hier eine horizontale Symmetrieebene und vier vertikale, von denen zwei durch gegenüberliegende Kanten und zwei durch gegenüberliegende Flächenmitten laufen, im ganzen also fünf. Die horizontale Symmetrieebene nimmt eine einzigartige Stellung unter ihnen ein, weil die vier anderen auf ihr senkrecht stehen, und wird daher als „Hauptsymmetrieebene“ bezeichnet, die vier anderen als „Nebensymmetrieebenen“. Senkrecht zur Hauptsymmetrieebene steht die (hier also vertikale) „Hauptsymmetrieachse“, die vierzählig ist, senkrecht zu jeder der vier übrigen Symmetrieebenen je eine zweizählige „Nebenachse“, so daß es im ganzen fünf Symmetrieachsen gibt. Dazu das Zentrum der Symmetrie. Die Hauptachse wird eine der Koordinatenachsen, zwei untereinander gleichwertige in der Horizontalebene vervollständigen das rechtwinklige Koordinatenkreuz.

4. Zum *hexagonalen System* gehören die wichtigsten der uns später beschäftigenden Kristalle, vor allem *Kalkspat* und *Quarz*. Die Symmetrieelemente ähneln denen des tetragonalen Systems. So zeigt ein Blick auf den hexagonalen Kristall Fig. 5, daß wieder eine horizontale Hauptsymmetrieebene existiert und diesmal *sechs* darauf senkrechte Nebensymmterieebenen, drei durch gegenüberliegende Kanten, drei durch gegenüberliegende Flächenmitten. Senkrecht zu jeder der sieben Symmetrieebenen steht eine Symmetrieachse; senkrecht zur Hauptsymmetrieebene die sechszählige *Hauptachse*, senkrecht zu den sechs anderen, also in der horizontalen Hauptsymmetriebene liegend, sechs zweizählige Nebenachsen. Koordinatenkreuz: Hauptachse und drei gleichwertige horizontale Nebenachsen unter 60°. Auch das Symmetriezentrum ist vorhanden.

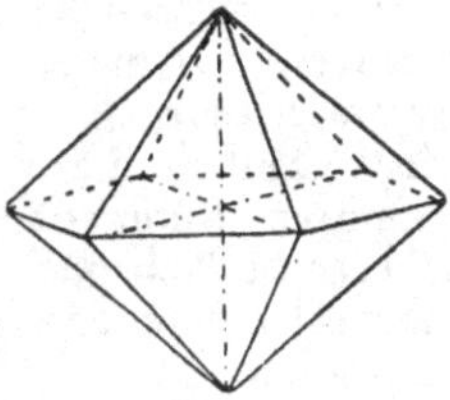

Fig. 5
Hexagonale Pyramide

5. Wir wiederholen in Fig. 6 die Pyramide der vorigen Figur und lassen an ihr die nicht schraffierten Flächen auf Kosten der schraffierten wachsen, bis diese ver-

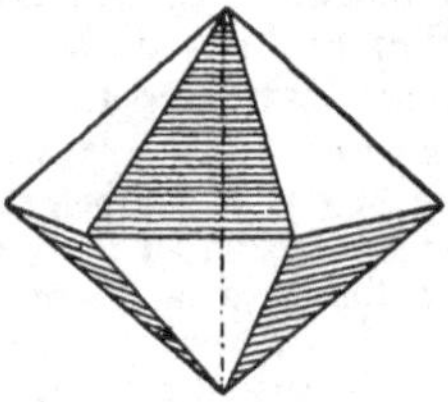

Fig. 6

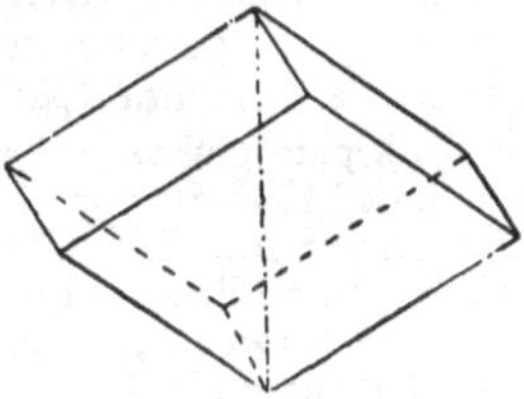

Fig. 7

Entstehung des Rhomboeders aus der hexagonalen Pyramide

schwunden sind. Dann entsteht der in Fig. 7 dargestellte Kristall, ein „*Rhomboeder*“, wie es die natürlichen Spaltungsstücke des Kalkspats zeigen. Wir können das Verfahren, durch das wir es gewonnen haben, auch so kennzeichnen: wir haben an der Pyramide Fig. 6 die Hauptsymmetrieebene und die drei durch die Pyramidenkanten laufenden Nebensymmetrieebenen wegfallen, unwirksam werden lassen. Das Rhomboeder zeigt also eine geringere Symmetrie als die Pyramide: es behält von den Symmetrieebenen noch drei, von den Symmetrieachsen vier, nämlich die vertikale Hauptachse, die die beiden stumpfen Rhomboederecken verbindet, und drei darauf senkrechte Nebenachsen. Dieses Verfahren, gewisse Symmetrieelemente fortfallen zu lassen, kann man bei den Kristallen jedes Systems anwenden. Man erhält dann immer Formen, die weniger Flächen haben als die, aus denen sie hergeleitet sind, und die man im Gegensatz zu diesen, den „V o l l f l ä c h n e r n" oder den „H o l o e d e r n", „H a l b f l ä c h n e r" oder „H e m i e d e r" nennt. Wir sagen also: Das Rhomboeder gehört zu einer Hemiedrie des hexagonalen Systems, und da es die wichtigste Form dieser Hemiedrie ist, nennen wir sie nach ihm „r h o m b o e d r i s c h e H e m i e d r i e". In ihr kristallisiert der Kalkspat, in einer ihrer Unterabteilungen der T u r m a l i n. Oft weist man den Kalkspat in ein eigenes, siebentes Kristallsystem ein, das „t r i g o n a l e", mit einer dreizähligen Hauptachse, das nach dem Rhomboeder als seiner wichtigsten Gestalt auch das „r h o m b o e d r i s c h e" genannt wird. Ihm gehören dann auch der gleich zu nennende Quarz und der Zinnober an.

Das Kalkspatrhomboeder hat sechs stumpfe Kanten, wo zwei Flächen unter 105° 5′, und sechs spitze, wo zwei Flächen unter 74° 55′ zusammenstoßen. Die Hauptachse verbindet bei einem regelmäßig ausgebildeten Rhomboeder die beiden Ecken, wo drei stumpfe Kanten zusammenlaufen. Sonst kann man sie als die von der stumpfen Ecke ausgehende Gerade definieren, die mit den drei dort zusammenstoßenden Flächen gleiche Winkel (von 45° 23,5′) bildet.

6. Lassen wir bei hemiedrischen Formen nochmals gewisse Symmetrieelemente fortfallen, so entstehen die sog.

„tetartoedrischen". Z. B. gehört der Quarz und der Zinnober zu einer Tetartoedrie des hexagonalen Systems. Fig. 8 und 9 zeigen Formen, wie sie beim Quarz vorkommen. Beide sind „enantiomorph", d. h. sie haben zwar dieselben Flächen, eine kann aber durch Drehung nicht in die andere übergeführt werden; vielmehr verhält sich eine zur anderen wie die rechte Hand zur linken.

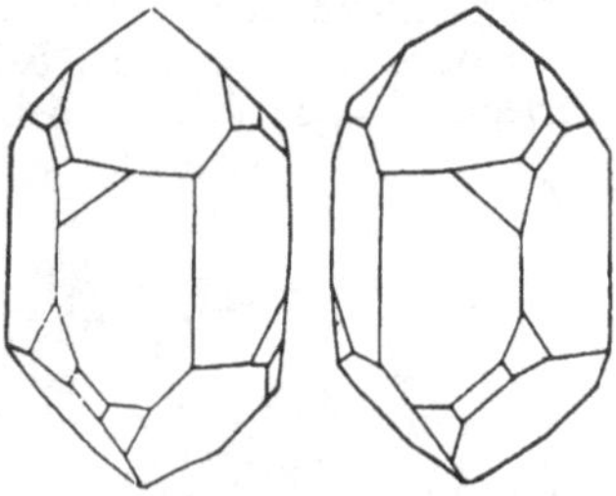

Fig. 8 Linksquarz

Fig. 9 Rechtsquarz

7. Die holoedrischen Formen des regulären Systems, als bekannteste Würfel und Oktaeder, haben neun Symmetrieebenen, dreizehn Symmetrieachsen und das Zentrum der Symmetrie und werden auf drei senkrecht zueinander stehende gleichwertige Achsen bezogen. Regulär kristallisieren z. B. Diamant, Steinsalz, Sylvin, Flußspat, Alaun und viele Metalle wie Gold, Silber, Kupfer, Eisen. Doch wird sich herausstellen (§ 12), daß für die Kristalloptik des sichtbaren (nicht die des Röntgen-) Lichts das reguläre System von geringer Wichtigkeit ist.

I. Teil

Doppelbrechung und Polarisation

§ 3. Erste Grundtatsache: Doppelbrechung

Wir knüpfen wieder an § 1 an und beschreiben den grundlegenden Versuch: wir lassen ein schmales Lichtbündel auf das in Fig. 7 dargestellte Kalkspatrhomboeder auffallen, das auch Bartholinus zu seiner Entdeckung gedient hat[1]) und das die gesuchte Erscheinung, die erste der beiden Grundtatsachen aller Kristalloptik, besonders deutlich zeigt, die „D o p p e l b r e c h u n g"[2]).

Doppelbrechung heißt: ein einfallendes Lichtbündel wird doppelt gebrochen, bei der Brechung in zwei Teile zerlegt. Lassen wir es beispielsweise (Fig. 10) in Richtung *AB* senkrecht auf eine Rhomboederfläche auftreffen, so spaltet es sich in zwei, von denen eins, O, unabgelenkt durch den Kristall hindurchgeht, während das andere, *E*, beim Eintritt in die Richtung *BC* gebrochen wird und bei *C* dem ersten Bündel parallel austritt. Jedes Bündel hat die halbe Intensität des ursprünglichen. Ich kann den Versuch am einfachsten so anstellen, daß ich senkrecht durch den Kristall nach einer kleinen hellen Öffnung in einem Schirm sehe: dann erblicke ich zwei Bilder der Öffnung. Oder ich suche durch den Kalkspat hindurch Schrift zu lesen und beobachte Verdopplung der Buchstaben.

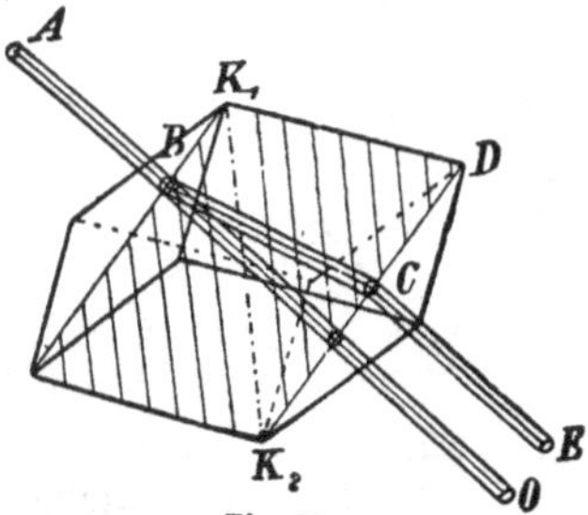

Fig. 10
Doppelbrechung im Kalkspat

Der Strahl O, der bei senkrechtem Einfall ungebrochen weitergeht, verhält sich hier und wie ich sonst den Versuch abändern möge, im Kristall wie in einem isotropen Medium. Wir nennen ihn deshalb den „r a d i u s o r d i n a r i u s", den „g e w ö h n l i c h e n" oder den „o r d e n t l i c h e n" S t r a h l. *E* dagegen folgt offenbar nicht dem Snelliusschen Brechungsgesetze; er wird bei

1) Die Schrift des E r a s m u s B a r t h o l i n u s ist in deutscher Übersetzung, „Versuche mit dem doppeltbrechenden isländischen Kristall", leicht zugänglich in O s t w a l d s Klassikern der exakten Wissenschaften, Nr. 205.

2) Vorzügliche Kristallpräparate liefern z. B. die Optischen Werkstätten von Dr. S t e e g und R e u t e r, Homburg v. d. H. Hier auch ebenso wie bei C a r l Z e i ß Jena u. a. eine handliche optische Bank mit genauer Beschreibung aller einschlägigen Versuche.

senkrechtem Einfall abgelenkt. Daher der Name „radius extraordinarius", „ungewöhnlicher", „außerordentlicher" Strahl.

Um die Frage zu beantworten, nach welcher Seite der außerordentliche Strahl abgelenkt wird, drehen wir den Kristall um *ABO* als Achse und beobachten, daß sich dabei *BCE* mit dem Kristall um *ABO* herumdreht. *BC* liegt also im Kristall fest, und zwar in der schraffierten Ebene, die die Kristallachse K_1K_2 und das Einfallslot *AB* enthält. Jede Ebene durch die Achse wird „Hauptschnitt" genannt, und speziell der zu *AB* gehörige Hauptschnitt ist die Ebene durch die Achse und *AB*, die Papierebene in Figur 10. Ich kann demnach sagen: der außerordentliche Strahl ist in seinem Hauptschnitt abgelenkt, nach der stumpfen Rhomboederkante K_1D hin.

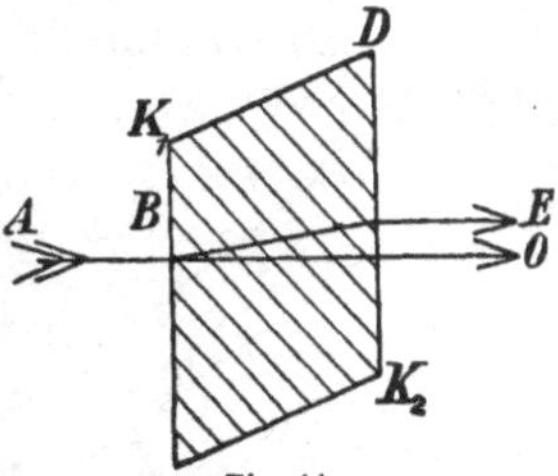

Fig. 11
Strahlenverlauf im Hauptschnitt

Noch einmal eigens herausgezeichnet stellt sich der Vorgang so dar, wie es die Fig. 11 angibt.

§ 4. Die Strahlenfläche einachsiger Kristalle

Wir können den Grundversuch mannigfach abwandeln, schon am Kalkspat durch Änderung der Einfallsrichtung, ganz zu schweigen von der Wahl anderer Kristalle, andersfarbigen Lichts usw. Wie man die Fülle der Möglichkeiten einheitlich und einfach überschauen kann — Sinn und Ziel jeder physikalischen Theorie — hat Huygens in dem berühmten fünften Kapitel seiner „Abhandlung über das Licht" gezeigt[1]) (1678 der Pariser Akademie mitgeteilt, 1690 veröffentlicht, vgl. § 1). Er benützt dabei die Fläche, die man heute „Strahlen-

1) Chr. Huygens, Abhandlung über das Licht, in Ostwalds Klassikern der exakten Wissenschaften, Nr. 20.

geschwindigkeits-" oder kürzer „Strahlenfläche" nennt[1]); es ist die, bis zu der sich eine von einem Punkt ausgehende Lichterregung in einer bestimmten Zeit fortgepflanzt hat. Sie ist beim isotropen Körper, bei dem alle Richtungen gleichwertig sind, eine Kugel, und in einer Figur, die sich noch heute in allen Lehrbüchern der Physik findet, gibt Huygens an, wie man mit Hilfe solcher Strahlenflächen-Kugeln zu einem Lichtbündel, das auf die Grenze G zweier isotroper Medien I und II auffällt, das gebrochene Bündel konstruieren kann.

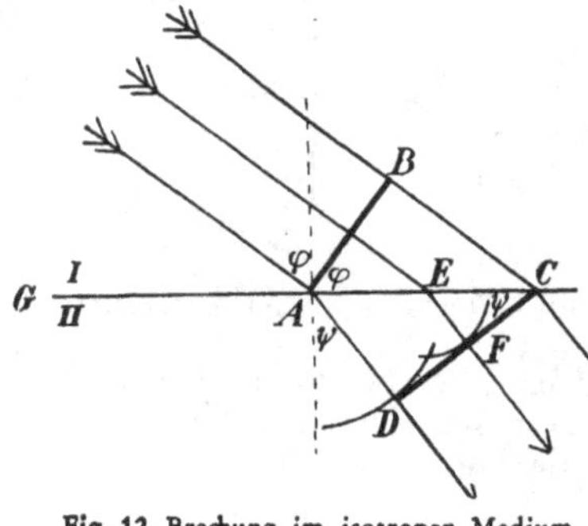

Fig. 12. Brechung im isotropen Medium

AB (Fig. 12) sei ein Stück der als eben angenommenen, auf dem Papier senkrecht stehenden Strahlenfläche (die „Wellenfront") des auffallenden Lichts. Während sich B bis C fortpflanzt, hat sich um A im Medium II eine Elementarwelle mit dem Radius AD ausgebreitet und um E, den Mittelpunkt von AC, eine mit dem Radius $EF = \frac{AD}{2}$. Die gemeinsame Tangentialebene CFD ist die neue Strahlenfläche, AD die Richtung der gebrochenen Strahlen.

Will man dieselbe Konstruktion am Kalkspat durchführen, so muß dessen Strahlenfläche bekannt sein. Huygens hat ihre Form erraten; wir nützen seine geniale Annahme, ohne uns vorerst um den Nachweis zu sorgen, daß sie aus den Grundgleichungen der elektro-

1) Bisweilen auch „Wellenfläche".

magnetischen Theorie abgeleitet werden kann (s. S. 64). Die Fläche besteht nach Huygens, wie in Fig. 13 schematisch angedeutet ist, aus zwei Schalen, einer Kugel (schraffiert) und einem abgeplatteten Rotationsellipsoid (von der Form einer Pomeranze), das die Kugel umhüllt und in der Kristallhauptachse K_1K_2 berührt.

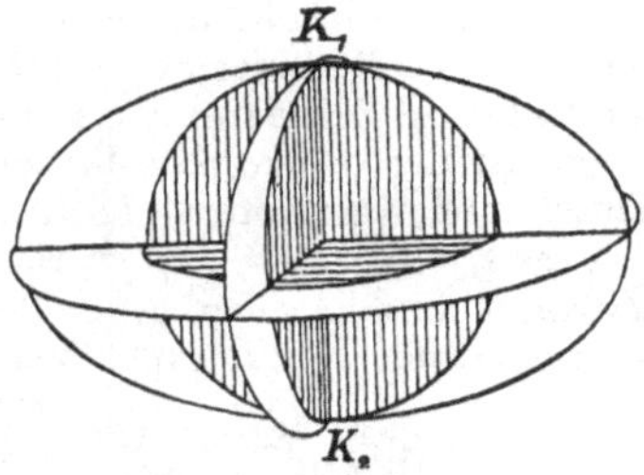

Fig. 13. Strahlenfläche eines negativ einachsigen Kristalls

Im Kalkspat pflanzen sich also im allgemeinen nach jeder Richtung zwei Strahlen mit verschiedenen Geschwindigkeiten fort; einer — ihm entspricht die Kugel — nach allen Richtungen mit der gleichen: der verhält sich im Kristall wie in einem isotropen Medium, befolgt also das Snelliussche Brechungsgesetz und war der, den wir den ordentlichen Strahl nannten. Der andere, außerordentliche, dem das Ellipsoid entspricht, pflanzt sich nach verschiedenen Richtungen verschieden schnell fort, am langsamsten in Richtung der Achse, und zwar hier ebenso schnell wie der ordentliche, nach allen anderen Richtungen schneller als dieser, gleich schnell in Richtungen, die mit der Achse einen gleichen Winkel bilden (weil das Ellipsoid ein Rotationsellipsoid ist), am schnellsten senkrecht zur Achse. Die beiden Extremwerte der Geschwindigkeit, den *o* in Richtung der Achse und den *e* senkrecht dazu, nennen wir die „Hauptlichtgeschwindigkeiten" des Kristalls.

Alle Kristalle, die wie der Kalkspat nur eine Richtung aufweisen, in der sich beide Strahlen gleich schnell fortpflanzen, heißen „einachsige Kristalle". Hier können wieder zwei Fälle eintreten. Entweder ist wie beim Kalkspat der außerordentliche Strahl schneller als der ordentliche; dann umschließt bei der Strahlenfläche das Ellipsoid die Kugel. Solche Kristalle nennen wir nach Brewster (1818) „negativ einachsig". Bei den „positiv einachsigen" dagegen ist der ordentliche Strahl der schnellere: die Kugel umschließt das Rotationsellipsoid, das dann kein abgeplattetes, sondern ein verlängertes ist (Form einer Zitrone), und berührt es in der Achse (Fig. 14). Diese Flächen ändern sich mit Wellenlänge und Temperatur.

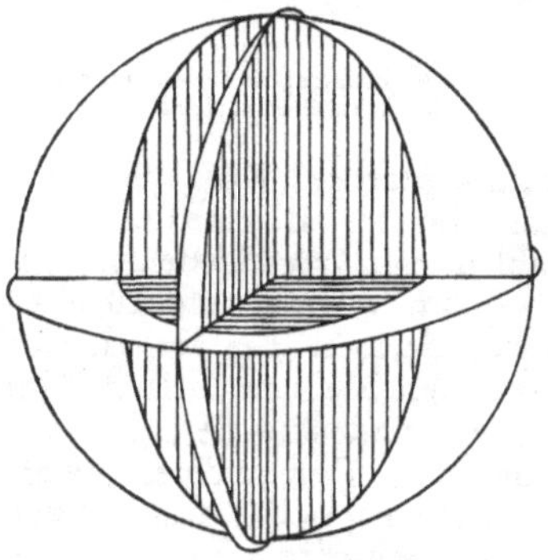

Fig. 14. Strahlenfläche eines positiv einachsigen Kristalls

Die Kristalle des hexagonalen und des tetragonalen Systems sind einachsig, in ihrer Mehrzahl negativ einachsig. Hierher gehören der Kalkspat, Natronsalpeter, Turmalin, Beryll, Smaragd, Korund, Rubin, Saphir, Apatit.

Einachsig positiv sind unter anderem Quarz, Eis, Zinnober, Zirkon, Rutil, Zinnstein.

Die Doppelbrechung beim Kalkspat ist stark, wenn auch nicht so stark wie in Fig. 15 der Deutlichkeit halber angenommen ist. Während etwa beim Beryll das Verhältnis der beiden Hauptlichtgeschwindigkeiten 1,003 ist, beim Zinnstein 1,048, beträgt es beim Kalkspat immerhin 1,116, ein Grund, weshalb er sich zu den einführenden Versuchen so gut eignet.

Die Kenntnis der Strahlenfläche ermöglicht es, die Huygenssche Konstruktion der gebrochenen Strahlen am Kalkspat für einige typische Fälle durchzuführen.

1. Fall. Wir wählen als ersten den in § 3 behandelten, wo das Licht senkrecht auf eine Rhomboederfläche auffiel, und geben in Fig. 15 den aus Fig. 11 bekannten Hauptschnitt wieder, nur daß wir diesmal die Rhomboederfläche, durch die das Licht eintritt, horizontal gelegt haben. *BB* ist ein Stück Strahlenfläche des ankommenden Lichts. Jeden Punkt von *BB* sehen wir mit Huygens als Ausgangspunkt von Elementarwellen an, konstruieren also, um jeden Punkt

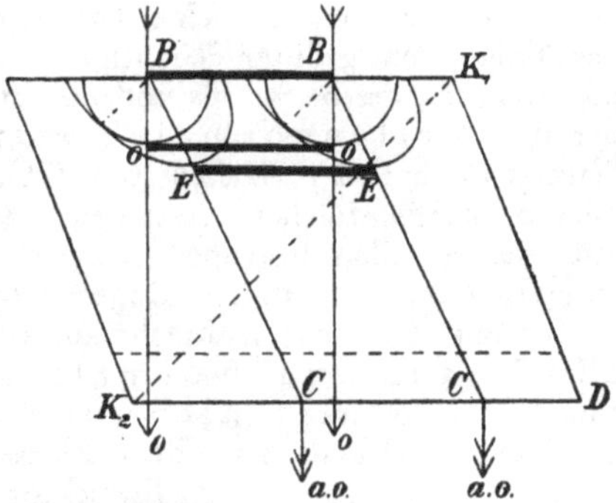

Fig. 15. Das Licht fällt senkrecht auf eine Rhomboederfläche

die zweischalige Strahlenfläche des Kalkspats, wobei wir beachten müssen, daß die Achse der Strahlenfläche parallel der Kristallachse K_1K_2 gezeichnet wird. Die ordentlichen Elementarstrahlen breiten sich in einer gewissen Zeit bis auf die Oberfläche aller Kugeln aus: die neue Front des ordentlichen Strahls ist also die Einhüllende aller dieser Kugeln, die Richtung der ordentlichen Strahlen ist durch *BO* bestimmt. Die außerordentlichen Elementarstrahlen haben sich auf die Oberfläche aller Ellipsoide ausgebreitet, ihre neue Front ist die Einhüllende *EE* aller dieser Ellipsoide, und die neue Strahlenrichtung *BEC* wird gefunden, indem das Zentrum *B* jeder Strahlenfläche mit dem zugehörigen Berührungspunkt *E* der Einhüllenden verbunden wird. Wir kommen also durch diese Konstruktion zu demselben Resultat, das wir früher als Ergebnis des Versuchs hingestellt hatten: der o. Strahl geht ungebrochen weiter, der a.o. wird trotz des senkrechten Einfalls auf die stumpfe Rhomboederkante K_1D hin abgelenkt.

Wäre der Kristall weniger dick, ginge er beispielsweise nur bis zu der punktierten Linie, so würde er den o. und den a.o. Strahl weniger weit voneinander trennen.

Nun müssen wir auf eine Tatsache hinweisen, die in der Folge von größter Wichtigkeit sein wird. *BO* ist die Richtung des o. Strahls und *BO* ist auch die Richtung der o. „Wellennormale", wenn wir darunter die Senkrechte auf der Wellenfront *OO*, der Einhüllenden aller o. Strahlenflächen, verstehen. Beim o. Strahle fällt also wie in allen isotropen Körpern Strahl- und Normalenrichtung zusammen. Dagegen steht die a.o. Strahlenrichtung *BE* nicht senkrecht auf der a.o. Wellenfront *EE;* Strahl und Normale stimmen beim a.o. Licht i. allg. nicht überein (weil i. allg. die Tangentialebene an einem Ellipsoid nicht auf dem Radiusvektor senkrecht steht). Die a.o. Front wird abgetrieben wie ein Flugzeug bei Seitenwind.

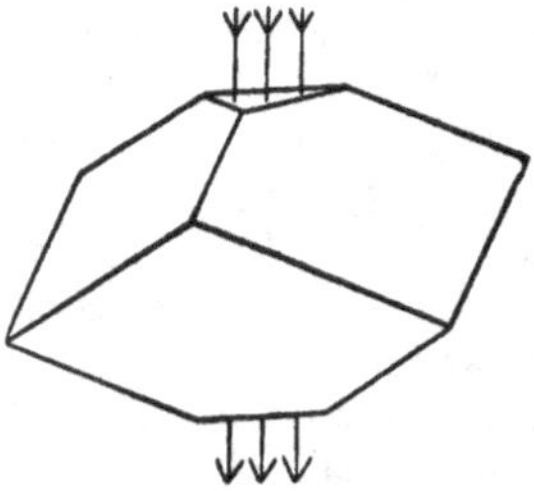

Fig. 16. Rhomboeder mit abgeschliffenen Ecken

2. Fall. Wir wählen als Grenzfläche eine senkrecht zur Achse liegende, wie wir sie etwa durch Abschleifen der stumpfen Rhomboederecken erhalten (Fig. 16), und lassen das Licht senkrecht darauf auffallen, den Kristall also in Richtung der Achse durchsetzen. Dann haben, wenn wir die Strahlenflächen richtig mit vertikaler Achse in den Kristall einzeichnen (Fig. 17), alle Elementarkugeln und alle Elementarellipsoide die gleiche Einhüllende, einen Unterschied zwischen a.o. und o. Wellenfront gibt es nicht, es findet keine Doppelbrechung statt.

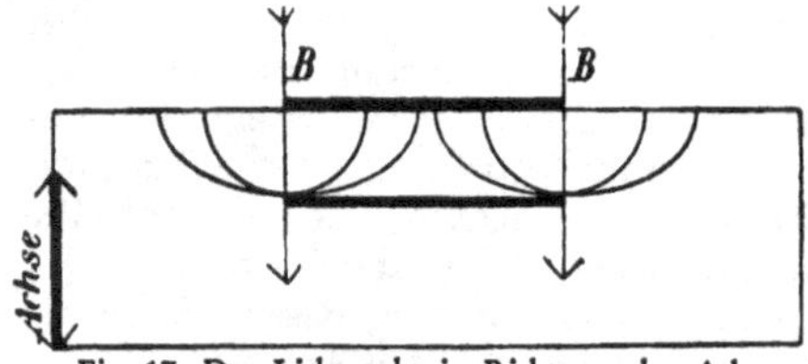

Fig. 17. Das Licht geht in Richtung der Achse hindurch

In Richtung der Achse geht also das Licht durch den Kristall wie durch ein isotropes Medium. Daher auch der Name „A c h s e d e r I s o t r o p i e" für diese Richtung.

3. Fall. Schließlich erörtern wir den bei zahlreichen Versuchen vorliegenden Fall (s. z. B. S. 28, 68 ff.), daß die Kristallachse in der Oberfläche liegt („achsenparallel geschnittener Kristall") und daß das Licht auf die Grenzfläche senkrecht auffällt. In Fig. 18 steht die Achse senkrecht auf der Papierebene. (Läge sie in der Papierebene, so käme dasselbe heraus.) Der Schnitt der Papierebene mit den beiden Schalen der Strahlenfläche besteht also aus zwei Kreisen (das Ellipsoid ist ein R o t a t i o n s - ellipsoid!) mit den Hauptlichtgeschwindigkeiten o und e als Radien. Die Zeichnung lehrt, daß sich o. und a.o. Front unabgelenkt in derselben Richtung fortpflanzen und, wenn die Austritts- der Eintrittsfläche parallel ist, auch in gleicher Richtung wieder austreten. Die a.o. Front ist schneller als die ordentliche und gewinnt vor ihr einen um so größeren Vorsprung („G a n g u n t e r - s c h i e d") im Kristall, je dicker die Kristallplatte ist.

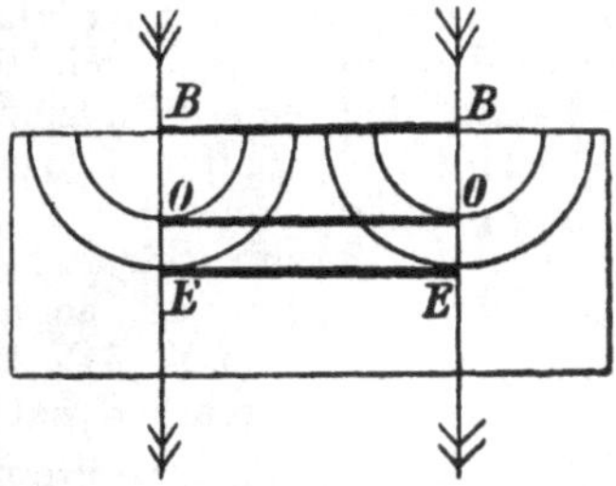

Fig. 18. Das Licht geht senkrecht zur Achse hindurch. Senkrechte Inzidenz

Den Gangunterschied mißt man in Wellenlängen des auffallenden Lichts, und man spricht von $\frac{\lambda}{8}$, $\frac{\lambda}{4}$, $\frac{\lambda}{2}$ Plättchen, wenn nach dem Austritt die eine Welle hinter der anderen um eine Achtel-, eine Viertel-, eine halbe Wellenlänge zurück ist.

§ 5. Herleitung der Strahlenfläche aus dem Fresnelschen Ellipsoid

Aus der Huygensschen Strahlenfläche kann man in der denkbar übersichtlichsten Weise die beiden Strahlengeschwindigkeiten in irgend einer Richtung ablesen. Aber sie ist eine zweischalige Fläche, was analytisch eine gewisse Umständlichkeit mit sich bringt. Fresnel hat erkannt, daß eine einschalige „Konstruktionsfläche", ein Ellipsoid, das wir das „Fresnelsche Ellipsoid nennen[1]), das gleiche leistet, indem es eindeutig die Strahlenfläche herzuleiten gestattet, und da ähnliche Überlegungen an anderer Stelle wiederkehren (s. S. 34), zeigen wir, wie das zu geschehen hat.

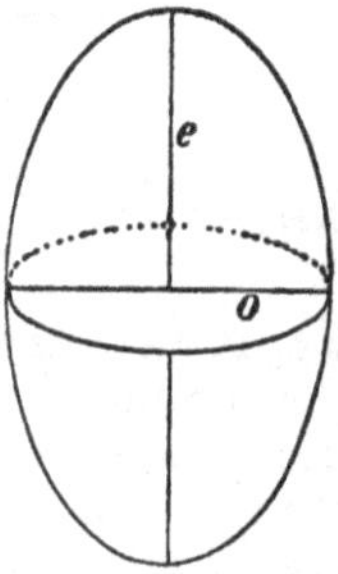

Fig. 19. Fresnelsches Ellipsoid

Das Fresnelsche Ellipsoid einachsiger Kristalle ist ein Rotationsellipsoid mit den Hauptlichtgeschwindigkeiten e und o als Polar- und Äquatorialradius, also im Falle der negativ Einachsigen wie Kalkspat von der Gestalt der Fig. 19. Wir denken es uns so in den Kristall hineingelegt, daß die Rotationsachse mit der Kristallachse übereinstimmt und finden die beiden Strahlengeschwindigkeiten in vorgegebener Richtung nach der Regel:

Man lege senkrecht zu dieser Richtung die Diametralebene durch das Ellipsoid. Die beiden gesuchten Strahlgeschwindigkeiten sind gleich den Halbachsen der Schnittellipse.

Um zu zeigen, daß diese Vorschrift auf unsere bekannte Strahlenfläche zurückführt, fragen wir zunächst,

1) Die Bezeichnung dieser Fläche und weiterer, die in engem Zusammenhange mit ihr stehen, ist leider alles andere als einheitlich. Man vergleiche die köstliche Zusammenstellung bei Rosenbusch-Wülfing (s. Literaturangabe auf S. 4) Seite 124/125, eine wahre babylonische Sprachenverwirrung.

wie schnell sich Strahlen senkrecht zur Achse fortpflanzen. *L* (Fig. 20) sei die Fortpflanzungsrichtung; die senkrecht dazu gelegte Diametralebene schneidet das Ellipsoid in der schraffierten Ellipse, deren Halbachsen *o* und *e* sind. Das sind in der Tat die beiden Strahl-

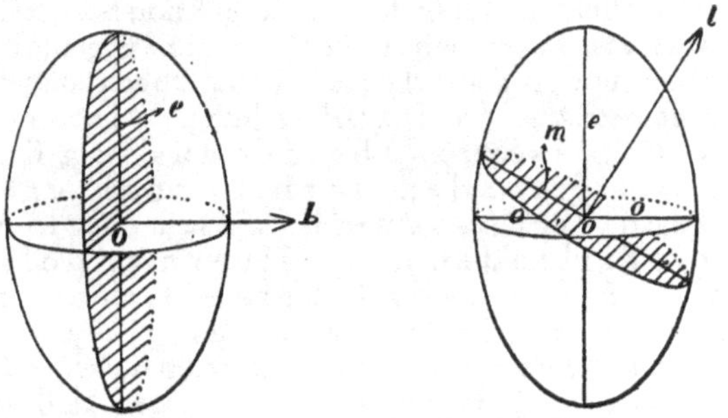

Fig. 20 Fig. 21
Konstruktionen am Fresnelschen Ellipsoid

geschwindigkeiten in Richtung *L* und, wie wir aus Fig. 20 entnehmen, in j e d e r Richtung senkrecht zur Achse. Ebenso lassen sich unsere übrigen früheren Ergebnisse nachprüfen: die Geschwindigkeit beider Strahlen in Richtung der Achse ist *o*, denn die zur Achse senkrechte (Horizontal-)Ebene schneidet das Ellipsoid im Kreis mit dem Radius *o*. Für eine dazwischenliegende Fortpflanzungsrichtung *l* (Fig. 21) liefert die zugehörige, in der Figur schraffierte Schnittfläche eine Ellipse, deren eine Halbachse wie bei jeder Schnittellipse *o* ist — die immer gleiche Fortpflanzungsgeschwindigkeit des o. Strahles —, während die andere einen Wert *m* zwischen *o* und *e* annimmt. Daß es gerade der ist, den auch unsere bekannte Strahlenfläche (Fig. 13) ergibt, schließt man daraus, daß die gleiche Ellipse mit den Halbachsen *o* und *e* dem Ellipsoid wie der Strahlenfläche eigentümlich ist.

Damit ist die Richtigkeit der Konstruktionsregel erwiesen. F r e s n e l hat das Ellipsoid aus der elastischen

Lichttheorie hergeleitet: es folgt gleichermaßen aus der elektromagnetischen (s. S. 64).

§ 6. Zweite Grundtatsache: Polarisation

An der ersten Versuchsanordnung, dem senkrechten Auftreffen eines Lichtbündels auf die Rhomboederfläche des Kalkspats, haben wir bisher nur ein Ergebnis hervorgehoben und in den folgenden Paragraphen ausgebaut, das stereometrische der Doppelbrechung. Nicht minder wichtig ist das zweite: die beiden aus dem Kalkspat austretenden Lichtbündel unterscheiden sich dadurch wesentlich von dem einfallenden natürlichen unpolarisierten Lichte, daß beide linear und senkrecht zueinander polarisiert sind. Und zwar kann man etwa durch Reflexion an einer Glasplatte unter dem „Polarisationswinkel" zeigen, daß das o. Bündel senkrecht zum Hauptschnitte schwingt und damit auch senkrecht zur Achse der Isotropie, in Fig. 10, 11 oder 15 also auch senkrecht zur Papierebene, das a.o. Bündel aber im Hauptschnitt, also in den genannten Figuren in der Papierebene.

Wie das Licht im Kristallinnern schwingt, können wir nicht unmittelbar prüfen, aber es liegt nahe — und die elektromagnetische Lichttheorie wird es bestätigen — vom Äußern auf das Innere rückzuschließen und auszusagen: auch im Kristallinnern sind nur zwei Schwingungsrichtungen möglich; das o. Bündel wählt die senkrecht zum Hauptschnitt, das a.o. Bündel die im Hauptschnitt.

Dabei wollen wir gleich den Sonderfall herausgreifen, daß die Fortpflanzungsrichtung mit der Achsenrichtung übereinstimmt (Fall 2 des § 4). Dann wird unsere Definition des Hauptschnitts unbestimmt; wir können jede Ebene durch die Achse als Hauptschnitt des Strahls bezeichnen. In der Tat ist dann auch jede Schwingungsrichtung senkrecht zur Achse möglich. Das einfallende natürliche Licht kann im Kristall seine vielfach wechselnden Schwingungsrichtungen beibehalten und den Kristall als unpolarisiertes Licht durchsetzen, ein zweiter Grund für die Bezeichnung Achse der Isotropie.

In allen anderen Fällen stellt jeder doppelbrechende Kristall einen „*Polarisator*" dar, wenn wir darunter eine Vorrichtung verstehen, die uns geradlinig polarisiertes Licht liefert. Allerdings treten aus der Platte *zwei* senkrecht zueinander polarisierte Lichtbündel aus, die sich außerdem teilweise überlagern, wenn das einfallende Lichtbündel nicht eng oder der Kristall nicht von beträchtlicher Dicke ist. Diesen Übelstand kann man durch geeignete Prismenkombinationen beheben.

Hierher gehört das *Wollastonsche Prisma* (Fig. 22) (1820). Es besteht aus zwei Kalkspatprismen *I* und *II*, in denen die Achsen die durch Pfeile angedeuteten Lagen haben: in *I* liegt sie in der Zeichenebene, in *II* tritt sie senkrecht aus der Zeichenebene heraus, so daß für *I* die Zeichenebene der Hauptschnitt ist, während bei *II* der Hauptschnitt auf der Zeichenebene senkrecht steht. Die in der Papierebene verlaufenden Schwingungen, gekennzeichnet durch kleine Querstriche, liegen bei *I* im Hauptschnitt, gehören also hier dem a.o., in *II* aber dem o. Lichte an, weil sie hier senkrecht zum Hauptschnitt liegen. Die Schwingungen senkrecht zur Papierebene, durch Punkte gekennzeichnet, gehören umgekehrt in *I* zum o., in *II* zum a.o. Lichte.

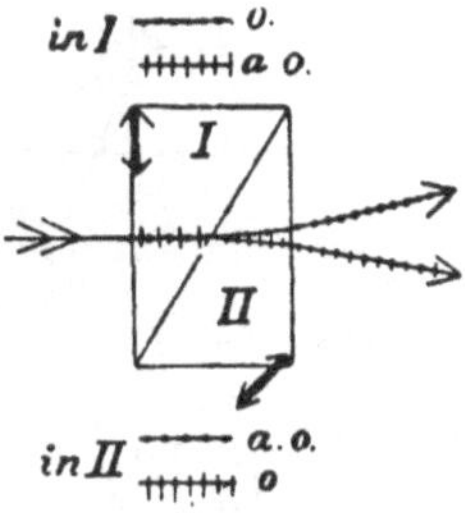

Fig. 22
Wollastonsches Prisma

Bis zur Grenzfläche der Prismen laufen beide Bündel in derselben Bahn, aber mit verschiedenen Geschwindigkeiten (3. Fall des § 4). Dann durchsetzt das in der Zeichenebene schwingende Bündel, in *I* das a.o., seine

Schwingungsebene beibehaltend *II* als ordentliches Bündel, verliert also an Geschwindigkeit (das a.o. Licht ist das schnellere!), wird also an der Grenzfläche dem Einfallslote zugebrochen. Das Bündel dagegen, das senkrecht zur Zeichenebene schwingt und in *I* das ordentliche war, geht durch *II* als a.o. hindurch. Es gewinnt an Geschwindigkeit (*II* ist für es „optisch dünner") und wird an der Grenzfläche vom Einfallslot weggebrochen. Daher die große räumliche Trennung der beiden Bündel bei dieser Prismenanordnung.

Von den Vorrichtungen, die uns statt zweier nur ein polarisiertes Lichtbündel liefern, steht das Nicolsche Prisma, der „Nicol", an erster Stelle (1829). Es wird aus einem länglich ausgebildeten Kalkspatrhomboeder gefertigt; *ABCD* in Fig. 23 stellt dessen Hauptschnitt dar,

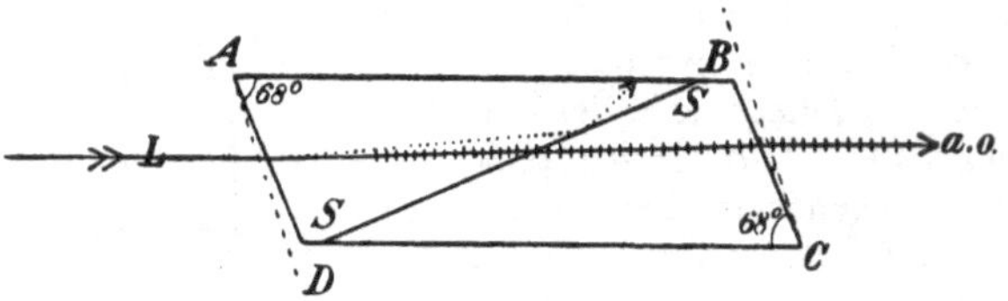

Fig. 23. Nicolsches Prisma

wie wir ihn aus Fig. 11 kennen. Nur betragen die beiden Winkel, deren Größe wir mit 68° eingetragen haben, beim natürlichen Kalkspat 71° und sind durch geeignetes Schleifen der Flächen *AD* und *BC* soweit verkleinert worden. Das Rhomboeder wird zerschnitten, durch *SS* ist der Schnitt angedeutet, der senkrecht zu *AD* und *BC* und senkrecht zur Zeichenebene liegt. Die beiden so entstehenden Kristallstücke werden längs derselben Schnittfläche *SS* in der alten Lage mit Kanadabalsam wieder aneinander gekittet.

Ein in der Längsrichtung *L* einfallendes Bündel natürlichen Lichts spaltet sich in zwei, ein a.o., das in der Zeichenebene, und ein o., das senkrecht dazu schwingt.

Beide treffen auf die Balsamschicht auf, die für das a.o. ein optisch dichteres, für das o. ein optisch dünneres Mittel darstellt, denn die Lichtgeschwindigkeit in ihr liegt zwischen der großen des a.o. und der kleinen des o. Lichts.

Für das o. Licht wäre hiernach die Möglichkeit der Totalreflexion gegeben, und die Abmessungen des Primas sind so gewählt, daß tatsächlich das o. Bündel flach genug auffällt, um total reflektiert zu werden. Es trifft dann auf die geschwärzte Seitenfläche und wird dort absorbiert, oder besser: es tritt seitlich aus, was die Erwärmung vermindert. Das a.o. Bündel aber geht fast unabgelenkt durch die Balsamschicht und das zweite Kalkspatstück hindurch.

Es schwingt in der Verbindungslinie der **stumpfen** Ecken der parallelogrammförmigen Austrittsöffnung BC (Fig. 23). l_1 in Fig. 24 sei diese Schwingungsrichtung, OA die Amplitude. Die Intensität ist in jeder Lichttheorie bis auf auf einen hier belanglosen Faktor gleich dem Quadrat der Amplitude, also gleich $\overline{OA}^2$. Lasse ich dieses Licht auf einen zweiten Nicol, den „**Analysator**", auffallen, dessen Schwingungsrichtung l_2 mit l_1 den Winkel α bildet, so geht nur die nach l_2 fallende Komponente von OA, d. i. $OB = OA \cos \alpha$, hindurch. Das aus dem Analysator austretende Licht hat also die Intensität $\overline{OA \cos \alpha}^2$. Aus diesem Ausdruck oder aus der Figur erkennt man, daß bei „**parallelen Nicols**", d.h. wenn l_1 mit l_2 zusammenfällt, das Licht den zweiten Nicol ungehindert durchsetzt, abgesehen von den Verlusten durch Reflexion und den geringen durch Absorption. In allen übrigen Fällen verschluckt der zweite Nicol einen Teil des auffallenden Lichts. Stehen l_1 und l_2 senkrecht auf-

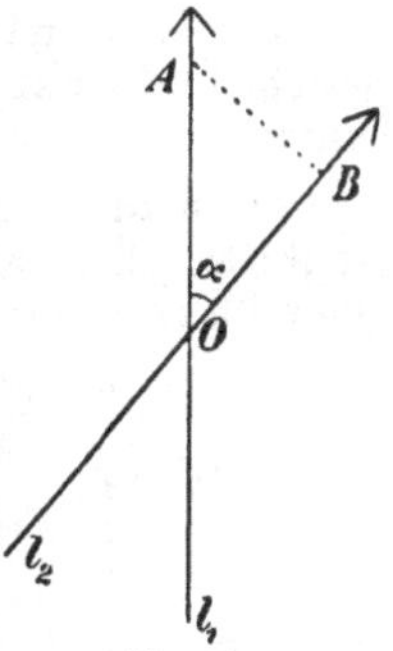

Fig. 24

einander, sind die Nicols „g e k r e u z t", so wird $OB = 0$ und hinter dem zweiten Nicol herrscht völlige Dunkelheit. Ersetze ich den zweiten Nicol durch einen gewöhnlichen Kalkspat, so zerfällt die lineare Schwingung in zwei Komponenten nach den beiden im Kalkspat möglichen Schwingungsrichtungen.

Große Nicolsche Prismen sind heute nur schwer neu zu beschaffen, weil die isländische Mine, die früher genügend umfangreiche Kalkspatstücke lieferte, im wesentlichen erschöpft ist. Man hat daher als Ersatz vielerlei „P o l a r i s a t i o n s p r i s m e n" konstruiert[1]). Das vollkommenste ist das P r i s m a v o n G l a n - T h o m p s o n (1881). Es besteht gleichfalls aus zwei Kalkspatstücken, aber sie sind weit kürzer. Es hat senkrechte Endflächen, gleichmäßige Polarisation über den ganzen Querschnitt, was die Nicols n i c h t haben, und einen recht erheblichen Gesichtsfeldwinkel (bis 30°). Als Kitt wird eingedicktes Leinöl verwandt.

Und an dieser Stelle wollen wir auch die alten Inventarstücke physikalischer Institute erwähnen, T u r m a l i n p l a t t e und - z a n g e. Der Turmalin ist nach § 2 ein einachsiger Kristall. Lassen wir auf eine T u r m a l i n p l a t t e, die parallel der Achse geschnitten ist, so daß also die Achse in der Eintrittsfläche liegt (Fig. 25), natürliches Licht auffallen, so wird es in zwei senkrecht zueinander schwingende Bestandteile zerlegt; der a.o. schwingt im Hauptschnitt„ parallel zur Achse, der o. senk-

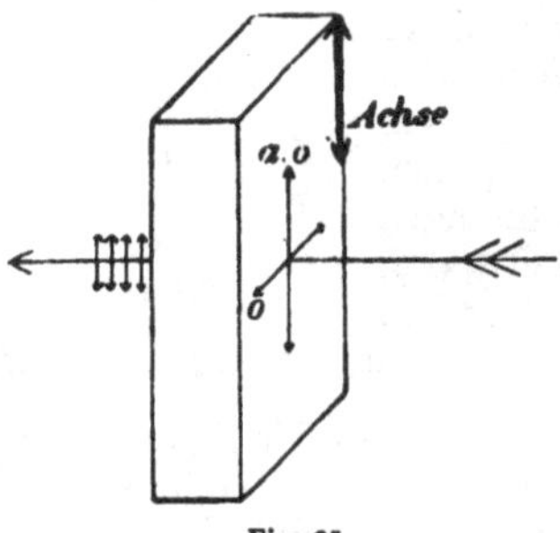

Fig. 25
Achsenparallele Turmalinplatte

1) Man vergleiche z. B. den Katalog der Optischen Werkstätten B. H a l l e N a c h f., Berlin-Steglitz.

recht dazu. Der Turmalin hat die Eigenschaft, das o. Bündel zu absorbieren und nur das a.o. hindurchzulassen. Wir haben somit in der Turmalinplatte einen sehr einfachen Polarisator, müssen dafür allerdings den Nachteil in Kauf nehmen, daß das austretende Licht durch den Kristall gefärbt ist, grünlich, bräunlich, gelblich, rötlich, je nach der angewandten Varietät.

Zwei in drehbaren Fassungen hintereinander angebrachte derartige Turmalinplatten bilden eine „Turmalinzange". Helligkeit beobachten wir beim Hindurchsehen, wenn die Schwingungsrichtungen in beiden parallel sind, Dunkelheit, wenn sie aufeinander senkrecht stehen. Turmaline als Polarisatoren besitzen nur historisches Interesse und sind durch die ähnlichen „Polarisationsfilter" ersetzt (vgl. § 21).

§ 7. Die Normalenfläche einachsiger Kristalle

Bei allem, was wir im vorigen Paragraph über die Schwingungsrichtungen im Kristall mitgeteilt haben, ist in Ausdrucksweise und Beispielen eine Schwierigkeit umgangen worden, der wir jetzt ins Gesicht sehen müssen. Wir haben z. B. im Hinblick auf Fig. 15 gesagt, die Schwingungsrichtung im a.o. Bündel läge in der Papierebene als dem Achse und Strahl — und Normale! — enthaltenden „Hauptschnitt". Aber wir haben noch nicht entschieden: liegt sie hier senkrecht zum Strahl? Oder zur Normalen, d. h. in der Wellenfront? Mit andern Worten: ist der Lichtvektor streng transversal zum Strahl oder zur Normalen? Beim o. Licht und in isotropen Körpern, wo Strahl und Normale identisch sind, begegnet uns diese Schwierigkeit nicht.

Nun ist schon bei den gewöhnlichen elektromagnetischen Wellen, wie der Name besagt, immer ein schwingender elektrischer Vektor, die elektrische Feldstärke $\mathfrak{E}$, unlösbar mit einem schwingenden magnetischen Vektor, der magnetischen Feldstärke $\mathfrak{H}$, verbunden, und es ist einigermaßen willkürlich, welchen von beiden man als

„Lichtvektor" schlechthin bezeichnen will. (Man wählt 𝔈). Ebenso nennt man willkürlich im einachsigen Kristall die Richtung im Hauptschnitt, die senkrecht auf der Wellennormale, also in der Wellenfront liegt, Schwingungsrichtung des a. o. Bündels. Durch diese Verknüpfung mit der Schwingungsrichtung gewinnen die mit der Wellennormale zusammenhängenden Begriffe, bisher stiefmütterlich behandelt, gegenüber Strahlenfläche, Strahlrichtung usw. an Interesse. Wir wenden uns ihnen zu und werden das Schwergewicht der Darstellung mehr und mehr auf sie verlegen.

Fig. 26 zeigt ein Stück Strahlenfläche S_1 von der bekannten ellipsoidalen Gestalt. Das von O ausgehende Licht soll die Strahlenfläche S_1 nach der Zeit t, eine Zeiteinheit später die Strahlenfläche S_2 erreicht haben. In dieser Zeiteinheit hat sich ein Flächenstück f in der Strahlenrichtung Of parallel mit sich selbst um die Strecke v_s fortgepflanzt, die wir naturgemäß als die „Strahlgeschwindigkeit" in der Richtung Of bezeichnen. Die Tangentialebene T, der f angehört, hat sich hierbei um das Stück v_n in Richtung ihrer Normalen ON fortbewegt. ON ist die zum Strahle Of gehörige Normale, v_n also die „Normalengeschwindigkeit". Mit ihr breitet sich eine auf der Richtung ON senkrechte ebene Welle aus. Die Normalengeschwindigkeit ist nach Fig. 26 gleich der Strahlgeschwindigkeit v_s mal dem cosinus des Winkels φ zwischen Strahl und Normale, also höchstens gleich, i. allg. kleiner als die zugehörige Strahlgeschwindigkeit. Sie ist wichtiger als v_s; denn „Strahl" bezieht sich im Versuch auf ein dünnes durch Blenden begrenztes Lichtbündel. Bei den meisten kristalloptischen Versuchen aber (nicht bei unserm Grundversuch Fig. 10) sieht man von der Begrenzung ab und arbeitet mit parallelen Wellen, an denen nur die Normalengeschwindigkeit beobachtbar ist.

Wir trugen von einem Punkte aus die jeder Richtung

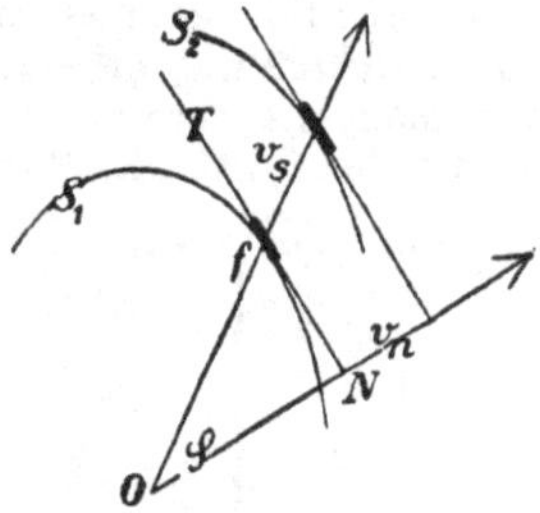
Fig. 26. Strahl und Normale

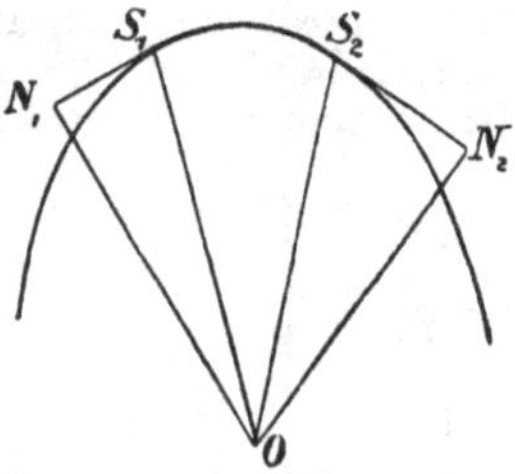
Fig. 27. Zusammenhang von Strahlen- u. Normalenfläche

zukommende Strahlengeschwindigkeit v_s auf und fanden die Strahlenfläche; tragen wir in jeder Richtung die Normalengeschwindigkeit v_n auf, so entsteht die „Normalengeschwindigkeits"- oder „Normalenfläche". Den Zusammenhang zwischen beiden machen wir uns an Fig. 27 klar, in der zu zwei Punkten S_1 und S_2 der Strahlenfläche die zugehörigen Punkte N_1 und N_2 der Normalenfläche konstruiert sind, und zwar so, daß wir, im Anschluß an Fig. 26, in S_1 und S_2 Tangenten an die Strahlenfläche gelegt und von O aus Senkrechte darauf gefällt haben. ON_1 und ON_2 stellen dann, wie ein Vergleich mit Fig. 26 zeigt, die Normalengeschwindigkeit in diesen Richtungen dar. Derartig gefundene Flächen nennt der Mathematiker „Fußpunktflächen". Die Normalenfläche ist also die Fußpunktfläche der Strahlenfläche.

Die Strahlenfläche eines einachsigen Kristalls bestand aus zwei Schalen, einer Kugel und einem Ellipsoid. Die Normalenfläche besteht gleichfalls aus zwei Schalen, nämlich den Fußpunktflächen jener beiden. Ihr gehört mithin ebenfalls die Kugel der Strahlenfläche an — denn jede Kugel ist ihre eigene Fußpunktfläche — und zweitens als Fußpunktfläche des Ellipsoids das durch die Konstruktion von Fig. 27 gefundene „Ovaloid". In Fig. 28

und 29 sind Strahlen- und Normalenfläche eines einachsigen positiven Kristalls im Durchschnitt nebeneinandergestellt. In Fig. 29 erkennt man die (etwas übertrieben gezeichnete) typische Gestalt des Ovaloids. Punk-

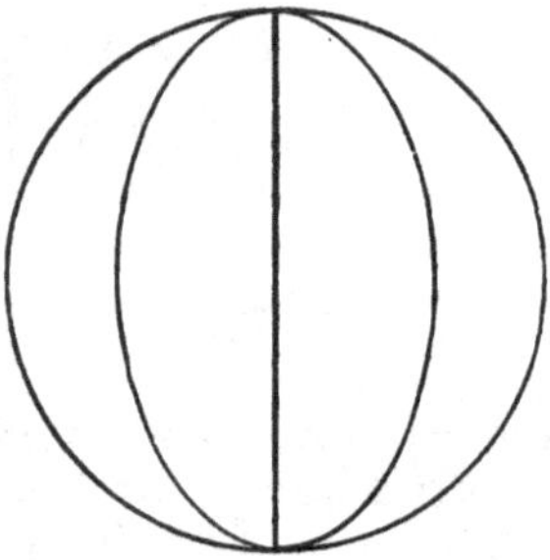

Fig. 28. Schnitt durch die Strahlenfläche eines einachsig positiven Kristalls

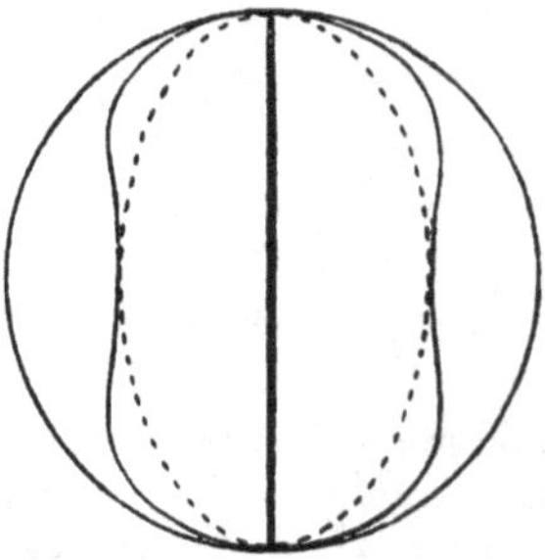

Fig. 29. Schnitt durch die Normalenfläche eines einachsig positiven Kristalls

tiert ist darin das Ellipsoid eingezeichnet, aus dem es entstanden ist. Die Hauptlichtgeschwindigkeiten *o* und *e* treten auch bei der Normalenfläche als Polar- und Äquatorialradius des Ovaloids auf.

§ 8. Herleitung von Normalenfläche und Schwingungsrichtungen aus dem Indexellipsoid

In § 5 haben wir die zweischalige Strahlenfläche aus dem einschaligen Fresnelschen Ellipsoid hergeleitet. Ähnlich leiten wir auch die zweischalige Normalenfläche aus einer einschaligen Konstruktionsfläche her, dem „Indexellipsoid" oder der „Indikatrix". Das Indexellipsoid hat seinen Namen vom Brechungsindex oder Brechungsquotienten oder der „Brechzahl" n, die uns aus der Optik isotroper Körper als das Verhältnis

$$n = \frac{\text{Lichtgeschwindigkeit im Vakuum}}{\text{Lichtgeschwindigkeit im Medium}}$$

bekannt ist. Bei den anisotropen müssen wir uns nun

wieder entscheiden, welche der Lichtgeschwindigkeiten im Medium wir in den Nenner setzen wollen, Strahlen- oder Normalengeschwindigkeit. Bei ersterer Wahl entsteht eine Größe, die man „S t r a h l e n i n d e x" genannt hat; als Brechzahl schlechthin aber bezeichnen wir nach den Bewertungen des vorigen Paragraphen den mit der N o r m a l e n geschwindigkeit im Nenner.

Wir gewinnen damit noch den Vorteil, n statt durch das Verhältnis der Lichtgeschwindigkeiten durch das Verhältnis $\frac{\sin \varphi}{\sin \psi}$ ausdrücken zu können (φ Einfalls-, ψ Brechungswinkel). Beweis: In Fig. 30 ist die Huygenssche Konstruktion für das isotrope Medium (Fig. 12) mit gleichen Bezeichnungen auf das anisotrope übertragen. Statt einer Kugel ist um *A* das Ellipsoid gezeichnet, bis zu dem sich im Kristall die a. o. Lichterregung fortpflanzt, während sie in *I*, dem Vakuum, von *B* bis *C* geht. *CED* ist die neue Wellenfront, *AD* proportional der Normalen-, *AE* der Strahlgeschwindigkeit (vgl. Fig. 26). *BC* verhält sich zu *AD* wie die Lichtgeschwindigkeit im Vakuum zur Normalengeschwindigkeit im Medium. Bei Einführung von φ und ψ folgt

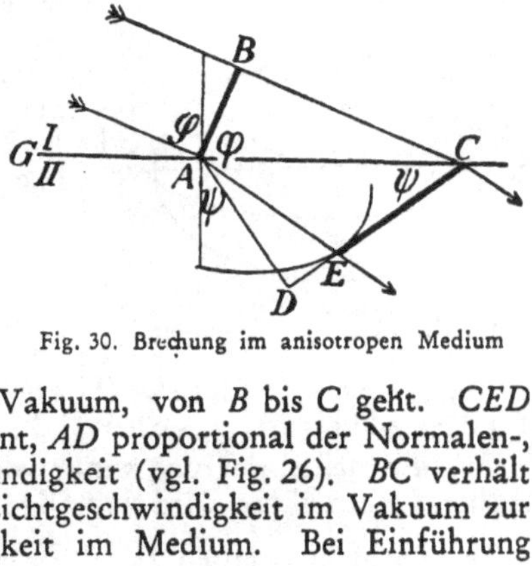

Fig. 30. Brechung im anisotropen Medium

$$n = \frac{BC}{AD} = \frac{AC \sin \varphi}{AC \sin \psi} = \frac{\sin \varphi}{\sin \psi}$$

wie behauptet. Hätten wir aber *AE* statt *AD* eingesetzt, so wäre, da bei *E* i. allg. k e i n rechter Winkel auftritt, das Verhältnis der Lichtgeschwindigkeiten n i c h t gleich dem Verhältnis der beiden sinus geworden.

Oft wählt man die Lichtgeschwindigkeit im Vakuum

gleich der Einheit. Dann wird die Brechzahl einfach gleich der reziproken Normalengeschwindigkeit. Wie diese ist sie richtungsabhängig, und wie die Hauptlichtgeschwindigkeiten o und e als Extremwerte den ganzen Verlauf der Normalenfläche festlegen, so die „Hauptbrechungsquotienten" oder „Hauptbrechzahlen"

$$n_0 = \frac{1}{o}, \quad n_e = \frac{1}{e}$$

die ganze Anisotropie des Brechungsquotienten.

Das Indexellipsoid Einachsiger ist nun ein Rotationsellipsoid mit den Hauptbrechzahlen n_e als Polar- und n_0 als Äquatorialradius. Bei den negativ Einachsigen, wo $e > o$, ist das Reziproke $n_e < n_0$. Es hat dann die abgeplattete Form der Fig. 31. Wir behaupten, daß folgender Zusammenhang mit der zweischaligen Normalenfläche besteht: Die Geschwindigkeiten der beiden Wellennormalen in einer Richtung sind gleich dem Reziproken der Halbachsen derjenigen Ellipse, in der die auf der Richtung senkrechte Diametralebene das Indexellipsoid schneidet.

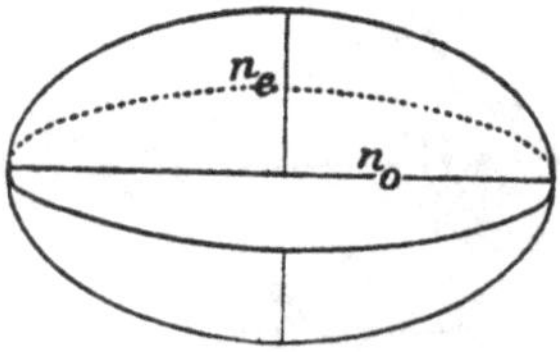

Fig. 31
Indexellipsoid negativ Einachsiger

Für die Achsenrichtung stimmt das offenbar: die senkrechte Schnittellipse wird zum Kreis, beide Normalengeschwindigkeiten werden zu $\frac{1}{n_0} = o$. Ebenso sieht man es sofort für die Richtungen senkrecht zur Achse ein (man vergleiche die entsprechende Fig. 20 am Fresnelschen Ellipsoid); die zugehörige Schnittellipse hat die Halbachsen n_e und n_o, das jeweils Reziproke gibt wie gewünscht e und o. Eine kleine Rechnung zeigt, daß es auch für die Zwischenrichtungen stimmt.

Zur Richtung l, die den Winkel φ mit der Achse bildet

(Fig. 32), gehört eine senkrechte Schnittellipse, deren eine Halbachse n_0 ist; das führt zur ordentlichen Hauptlichtgeschwindigkeit o. Die andere n_φ aber ist gegeben durch[1])

$$n_\varphi^2 = \frac{n_0^2\, n_e^2}{n_0^2 \sin^2\varphi + n_e^2 \cos^2\varphi},$$

was man, ausgehend von der Ellipsengleichung

$$\frac{x^2}{n_0^2} + \frac{z^2}{n_e^2} = 1$$

aus der Gleichungsfolge

$$x^2 n_e^2 + z^2 n_0^2 = n_0^2 n_e^2$$

$$\left(\frac{x^2}{x^2+z^2} n_e^2 + \frac{z^2}{x^2+z^2} n_0^2\right)(x^2+z^2) = n_0^2 n_e^2$$

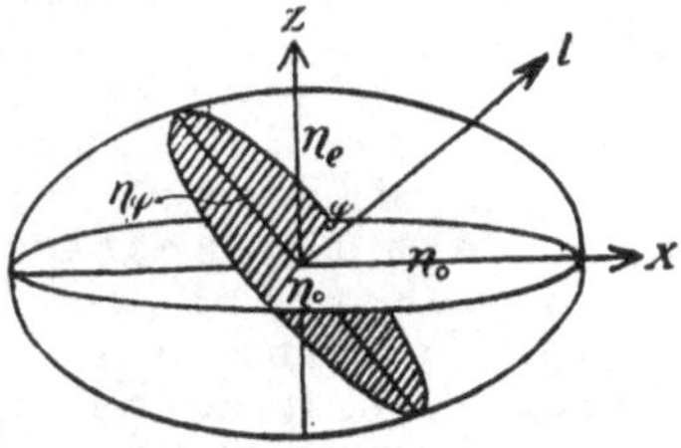

Fig. 32.
Konstruktion am Indexellipsoid

$$(\cos^2\varphi \cdot n_e^2 + \sin^2\varphi \cdot n_0^2)\, n_\varphi^2 = n_0^2 n_e^2$$

ableitet. Das Reziproke,

$$\frac{1}{n_\varphi^2} = \frac{n_0^2 \sin^2\varphi + n_e^2 \cos^2\varphi}{n_0^2 n_e^2} = \frac{\sin^2\varphi}{n_e^2} + \frac{\cos^2\varphi}{n_0^2} = e^2 \sin^2\varphi + o^2 \cos^2\varphi,$$

soll, behaupten wir, gleich v_φ^2 sein, dem Quadrat der Normalengeschwindigkeit in der mit der Achse den Winkel φ einschließenden Richtung. In der Tat lautet die Gleichung des Meridianovals Fig. 33 (was man glauben oder nachsehen muß)

$$v_\varphi^2 = e^2 \sin^2\varphi + o^2 \cos^2\varphi. \quad \text{Q.e.d.}$$

Man kann die Normalenfläche auch aus dem „Polarisationsovaloid", der Fußpunktfläche des Fresnelschen Ellipsoids, herleiten nach der leicht zu bestätigenden Regel: Die zu einer bestimmten Richtung gehörigen Normalengeschwindigkeiten sind gleich den Halbachsen des Ovals, in dem die

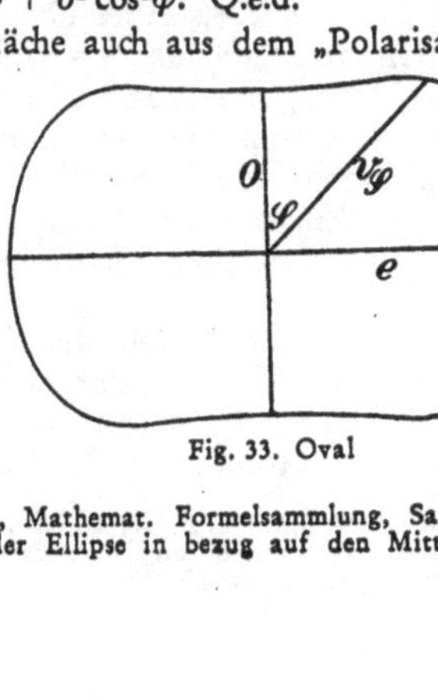

Fig. 33. Oval

1) S. Bürklen-Ringleb, Mathemat. Formelsammlung, Sammlung Göschen, Bd. 51: „Polargleichung der Ellipse in bezug auf den Mittelpunkt als Pol".

auf der Richtung senkrechte Diametralebene das Polarisationsovaloid schneidet.

Aber nicht nur, daß das Indexellipsoid eine einfachere Fläche ist als die zweischalige Normalenfläche; es liefert uns mehr als nur die Normalengeschwindigkeiten. Wir bestätigen nämlich an Fig. 32 sofort den Satz, daß die Halbachsen der Schnittellipse nicht nur ihrer Größe nach (reziprok genommen) die Normalengeschwindigkeiten, sondern auch ihrer Richtung nach die Schwingungsrichtungen in den beiden Wellen darstellen. In der Fig. 32 ist der durch z und l bestimmte Hauptschnitt die Papierebene. In ihr liegen senkrecht zur Normalenrichtung immer die Halbachsen n_φ, die sich auf die a.o. Welle beziehen, und in ihr, und zwar in der Wellenfront = der Schnittellipse liegt nach der Entscheidung des § 6 auch die Schwingungsrichtung der a.o. Welle. Die immer gleichbleibenden Halbachsen n_0 aber, die zum o. Licht gehören, liegen wie die Schwingungsrichtungen der o. Welle in der Wellenfront und senkrecht zum Hauptschnitt.

In dem unscheinbaren kleinen Indexellipsoid, diesem Ei des Kolumbus, hat man also alles in der Hand, was sich bei einachsigen Kristallen über Doppelbrechung und Polarisation aussagen läßt — eine wunderbar einfache Zusammenfassung ungezählter Versuchsmöglichkeiten. Jeder Kristall hat sein eigenes Indexellipsoid, und bei jedem Kristall noch jede Farbe ihr eigenes („Dispersion") und jede Temperatur[1]). Alle sind so in den Kristall hineinzulegen, daß ihre Umdrehungsachse in die Kristallachse fällt.

Der schärfste Prüfstein der Theorie ist mithin eine möglichst genaue Messung der Brechzahlen in den verschiedenen Richtungen: passen sie sich der Form des Indexellipsoids vollkommen an? Ist man aber einmal von der

1) Daß auch äußere Einflüsse wie Druck und elektrische oder magnetische Felder das Indexellipsoid und damit die optischen Eigenschaften des Kristalls beeinflussen, sei nur erwähnt.

Richtigkeit der Theorie überzeugt, so genügt die Messung der beiden Hauptbrechungsquotienten zur Konstruktion des Ellipsoids und damit zur Beantwortung jeder Frage nach Normalen-, Strahlgeschwindigkeit und Doppelbrechung einerseits, nach den Polarisationsverhältnissen anderseits.

Wie man Brechzahlen mißt, sehen wir im nächsten Paragraphen.

§ 9. Die Brechzahlen

Prismenmethode. Sehr einfach gestaltet sich die Bestimmung der Hauptbrechzahl. Wir knüpfen an den Fall 3 des § 4 und seine Figur 18 an: die Kristallachse liegt in der Einfallsfläche und ist senkrecht zur Papierebene gezeichnet, die Schnitte der Strahlenfläche sind also zwei Kreise, das Licht fällt senkrecht auf. Lassen wir es jedoch (Fig. 34) schräg auffallen und schleifen wir den Kristall wie punktiert angedeutet zu einem Prisma (mit der Kristallachse parallel zur Prismenkante), so laufen die beiden Wellen bei jedem Einfallswinkel mit den Geschwindigkeiten o und e, d. h. mit den Brechzahlen n_0 und n_e durchs Prisma. Alle Formeln der Optik Isotroper können für den Berechnungsvorgang übernommen werden, insonderheit die einfachste der „Methode der minimalen Ablenkung“, bei der sich n aus Prismenwinkel ϱ und Ablenkungswinsel δ zu

$$n = \frac{\sin\frac{\delta + \varrho}{2}}{\sin\frac{\varrho}{2}}$$

berechnet.

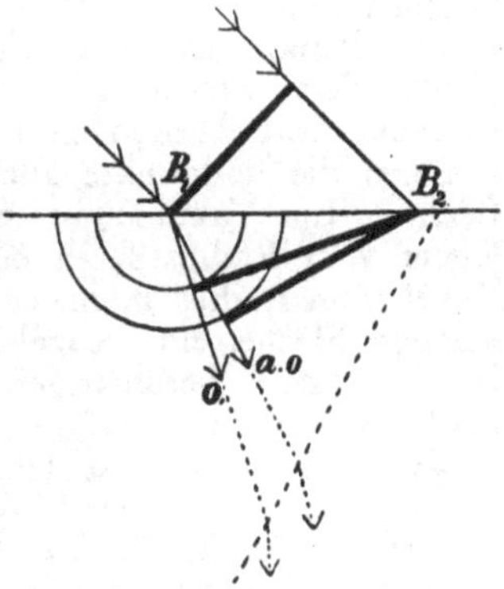

Fig. 34. Das Licht geht senkrecht zur Achse hindurch. Schräge Inzidenz

Wir teilen für einige Kristalle nach der Stärke der Doppelbrechung geordnet die Hauptbrechzahlen für D-Licht mit[1]).

	n_0	n_e	$\|n_0-n_e\|$
Rutil	2,6158	2,9029	0,2871
Kalkspat	1,6584	1,4864	0,1720
Zinnstein	1,9966	2,0934	0,0968
Quarz	1,5442	1,5533	0,0091
Beryll (wasserhell)	1,5725	1,5678	0,0047
Apatit	1,6388	1,6346	0,0042

Der mit angegebene Absolutwert $|n_0-n_e|$ ist ein Maß für die Stärke der Doppelbrechung.

Schwieriger ist die Bestimmung eines Zwischenwertes zwischen n_0 und n_e zwecks Prüfung der Huygens-Fresnelschen Hilfsflächen (s. Schluß des vorigen §). Wir überlegen dazu, wie man an einem Kristallprisma beliebiger Achsenlage zu einer einfallenden Welle die gebrochene und die austretende bestimmt und kommen am einfachsten mit Hilfe der bisher noch nicht herangezogenen „Indexfläche" zum Ziel. Trägt man von einem Punkte aus nach jeder Richtung eine Strecke gleich dem Brechungsindex auf, der den in dieser Richtung fortschreitenden Lichtwellen zukommt, so bestimmen die Endpunkte aller dieser Strecken die Indexfläche. Im Vakuum ist mithin die Indexfläche eine Kugel vom Radius 1, in einem isotropen Medium eine Kugel vom Radius n, im einachsigen Kristall eine zweischalige Fläche, eine Kugel vom Radius n_0 und ein sie in der Achse berührendes Rotationsellipsoid mit den Halbachsen n_0 und n_e.

Wir zeigen zunächst (Fig. 35), wie an der ebenen Grenzfläche G zweier isotroper Medien (Luft und Wasser) zu der im Punkte A einfallenden Normalen die gebrochene konstruiert wird. Wir zeichnen um A die

1) Die umfangreichsten Angaben in den Physikalisch-chemischen Tabellen von Landolt u. Börnstein.

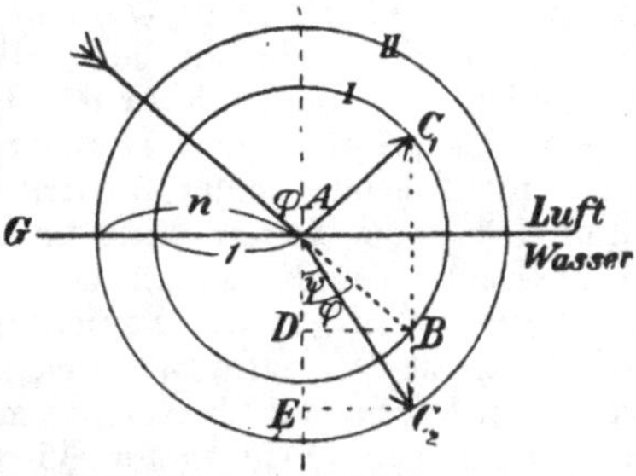

Fig. 35. Darstellung der Brechung mit Hilfe der Indexfläche

Indexfläche *I* für Luft, die wir mit der vom Vakuum identifizieren, d. h. eine Kugel vom Radius 1 und die *II* für Wasser, d. h. eine Kugel vom Radius $n = 1{,}3335$, wenn wir es mit D-Licht zu tun haben. Wir verlängern die einfallende Normale, bis sie in *B* die Fläche *I* zum zweiten Male schneidet, und ziehen durch *B* eine Parallele zum Einfallslot. Diese schneidet *I* oberhalb der Grenzfläche in C_1 und *II* unterhalb der Grenzfläche in C_2. AC_1 und AC_2 geben dann die Richtungen der gespiegelten und der gebrochenen Normalen an. Ersteres übersieht man sofort, letzteres, wenn man aus $\triangle\ ABD$ die Beziehung

$$\sin\varphi = \frac{\mathrm{DB}}{1}$$

und aus $\triangle\ AC_2E$ die Beziehung

$$\sin\psi = \frac{EC_2}{n} = \frac{DB}{n}$$

entnimmt und diese beiden Sinus durcheinander dividiert. Es ergibt sich dann in der Tat

$$\frac{\sin\varphi}{\sin\psi} = n.$$

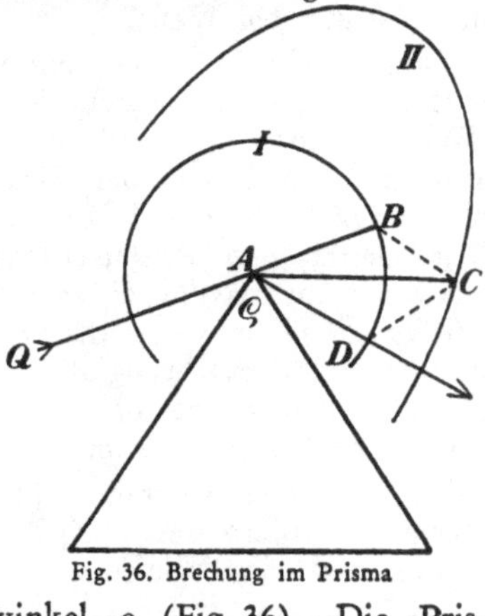

Fig. 36. Brechung im Prisma

Die gleichen Schritte vollziehen wir an einem Prisma, sagen wir aus Kalkspat, vom Prismenwinkel ϱ (Fig. 36). Die Prismenkante steht in *A* senkrecht auf der Papierebene.

Liegt die einfallende Wellennormale QA in dieser Ebene, so liegen in ihr auch alle gebrochenen Wellennormalen, wie man sich an den Huygensschen Konstruktionen des § 4 klarmacht. Um A zeichnen wir die Schnitte der Indexflächen beider Medien, den Kreis I vom Radius 1 für die äußere Luft und von der zweischaligen Indexfläche des Kalkspats nur den hier allein interessierenden Schnitt II der Papierebene mit der Ellipsoidschale dieser Indexfläche, welch letztere wir natürlich so gelegt haben, daß ihre Achse mit der im Kristallprisma übereinstimmt. Wie in Fig. 35 verlängern wir QA bis zum nochmaligen Schnittpunkt B mit I und ziehen durch B eine Parallele zum Einfallslot auf der ersten Prismenfläche. Trifft sie II in C, so ist AC die Richtung der gebrochenen Normalen. Um zu der austretenden zu kommen, wiederholen wir sinngemäß die Konstruktion, mit AC als einfallender Normalen, dem durch C gezogenen Einfallslot auf der zweiten Prismenfläche und dessen Schnittpunkt D mit I; AD ist die Richtung der austretenden Welle.

Ohne Rechnung[1]) übersieht man, wie unsere theoretischen Grundlagen, die sich hier in der Gestalt der Indexfläche verkörpern, durch den Versuch geprüft werden können. Wir messen den Einfallswinkel; dann verlangt die Indexfläche eine bestimmte Brechungsrichtung AC. Wir messen den Prismenwinkel ϱ; dann verlangt die weitere Konstruktion (ϱ tritt nochmals als punktierter Winkel BCD zwischen den Einfallsloten auf!) eine bestimmte Austrittsrichtung AD. Wir messen den Austrittswinkel und sehen zu, ob er mit dem konstruierten (oder berechneten) übereinstimmt.

Diese Übereinstimmung ist nach überaus genauen Messungen vollkommen. Z. B. ergibt am Kalkspat, wenn die Normale den Winkel φ mit der Kristallachse bildet,

1) Die Rechnung etwa bei F. Pockels, Lehrbuch der Kristalloptik, S. 137 ff.

für $\varphi = 31^0 19' 46''$ die Theorie $n_\varphi = 1{,}606110$, der Versuch $1{,}606113 \pm 1{,}6 \cdot 10^{-6}$,
für $\varphi = 31^0 19' 58''$ die Theorie $n_\varphi = 1{,}606100$, der Versuch $1{,}606102 \pm 1{,}6 \cdot 10^{-6}$.
Das ist eine Bestätigung auf mehr als $^2/_{1000}$ Promille.

Totalreflexion. Fig. 35 lehrt, daß immer ein Punkt C_2, also ein gebrochener Strahl AC_2 existiert, wenn das Licht vom dünneren zum dichteren Medium geht. Führen wir (Fig. 37) die gleiche Konstruktion für den umgekehrten Fall aus, daß das Licht im dichteren Medium auf ein dünneres auftrifft, so läßt sich für die Einfallsrichtung *1* noch ein gebrochener Strahl *1'* finden, für die Einfallsrichtung 2 tritt das Licht im oberen Medium parallel zur Grenzfläche streifend aus. Fällt das Licht aber noch flacher, etwa in Richtung *3* auf, so wird es vollständig ins untere Medium zurückgeworfen, „total reflektiert". Der Einfallswinkel χ, dem die streifend austretenden Strahlen entsprechen, der „Grenzwinkel der Totalreflexion", bestimmt sich aus der Gleichung

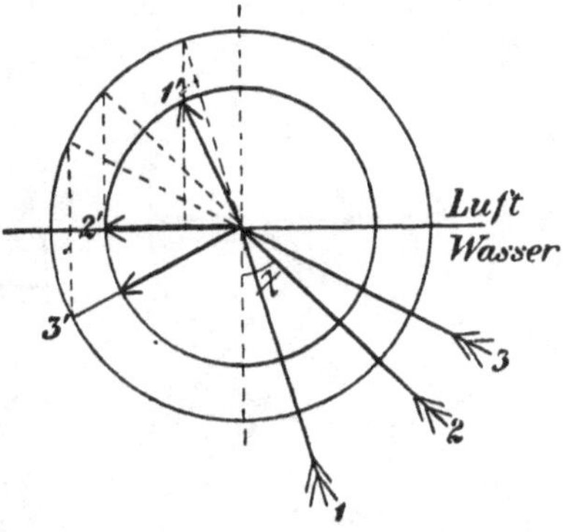

Fig. 37. Totalreflexion

$$n = \frac{\sin 90^0}{\sin \chi} = \frac{1}{\sin \chi}.$$

Die Erscheinung der Totalreflexion liefert in der Messung von χ also eine Methode zur Bestimmung von n.

Diese Methode ist in zahlreichen Abwandlungen von der Optik Isotroper auf die Kristalloptik übertragen worden. Bei einem (negativ) einachsigen Kristall vollzieht sich die Zeichnung gemäß Fig. 38. Wir beschreiben um O die kugelförmige Indexfläche *I* des optisch dichteren, isotropen ersten Mediums (man wendet z. B. α-Monobromnaphthalin an, das für *D*-Licht den Brechungsquotienten $n = 1{,}66102$ hat) und die zweischalige *II* des Kristalls und bestimmen zwei Einfallsrichtungen l_0 und l_e derart, daß die von ihren Schnittpunkten S_0 und S_e mit *I*

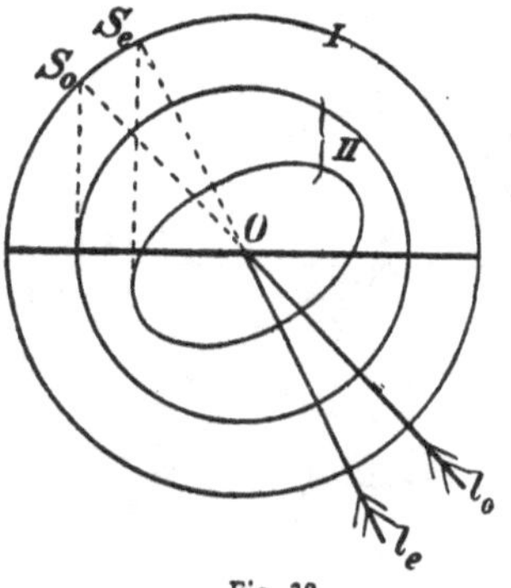

Fig. 38
Totalreflexion an einem Kristall

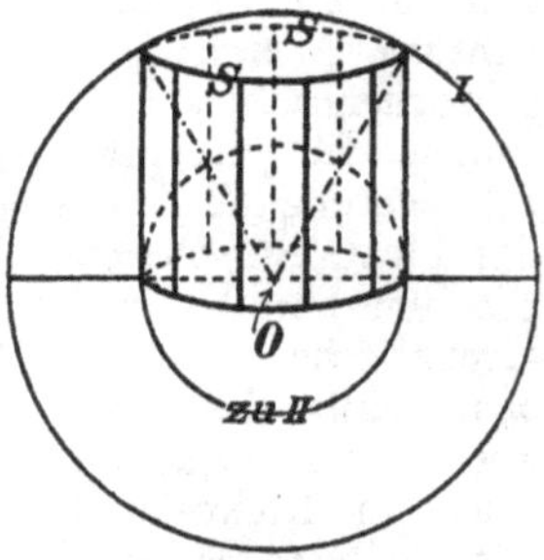

Fig. 39. Konstruktion eines Grenzstrahlenkegels

auf die Grenzfläche gefällten Lote die beiden Schalen der Indexfläche *II* gerade berühren. l_0 und l_e sind dann, wie der Vergleich mit Fig. 37 lehrt, die beiden Grenzstrahlen der Totalreflexion, die in der Papierebene liegen.

Im Raume werden sie in Erweiterung der Fig. 38 gefunden, indem man senkrecht zur Grenzfläche an die Kugel und an das Ellipsoid der Indexfläche je einen Tangentenzylinder legt, wie dies in Fig. 39 für die Kugel angedeutet ist, und jeden Punkt der Kurve *S*, in der ein derartiger Zylinder die Indexfläche *I* des Monobromnaphthalins schneidet, mit dem Mittelpunkt O verbindet. Man kommt so auf eine zweischalige Kegelfläche, die „Grenzstrahlenkegel" (Fig. 40), deren Beobachtung mit einem Totalreflektometer wie bei den isotropen Körpern zur Bestimmung der Brechzahlen führt. Doch muß man in den Formeln beachten, daß sich die Grenzwinkel auf die Strahlen als die Richtungen des Energiestroms, aber die n nach § 8 auf die Normalen beziehen.

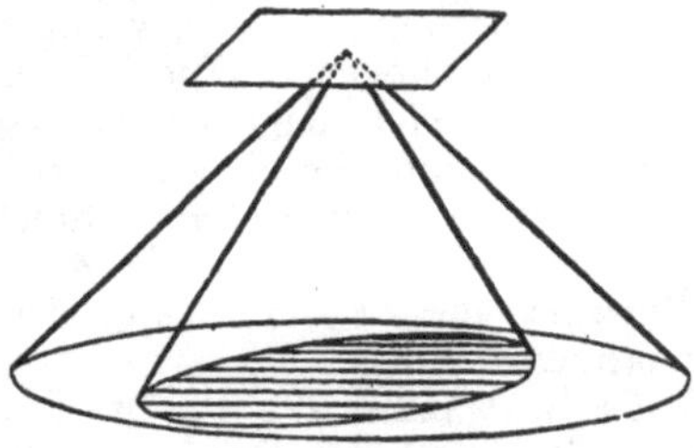

Fig. 40. Grenzstrahlenkegel

Der durch die Konstruktion von Fig. 39 gefundene Kegel der ordentlichen Grenzstrahlen, in Fig. 40 der äußere, ist immer ein Kreiskegel; der innere, der zu den außerordentlichen Brechzahlen führt, nur dann, wenn die Achse senkrecht auf der Grenzfläche steht; denn dann ist der Tangentenzylinder an das (Rotations-) Ellipsoid ein Kreiszylinder. Sonst ist er ein elliptischer Kegel, wird also von einer zur Grenzebene parallelen Ebene in einer Ellipse geschnitten (in Fig. 40 schraffiert), deren lange Achse ihr Maximum erreicht, wenn die Achse der Indexfläche in der Grenzfläche liegt. In diesem Falle rücken, wenn ich die Achse der Indexfläche in die Papierebene lege, die Punkte S_0 und S_e in Fig. 38 zusammen, und der in Fig. 40 schraffierte innere elliptische Schnitt berührt den vom äußeren Kegel herrührenden Kreisschnitt. Strahlen innerhalb des inneren Kegels treten (fast) vollständig ins obere Medium ein, Strahlen außerhalb des äußeren werden vollständig reflektiert. Von den Strahlen zwischen beiden Kegeln kann ein Anteil als ordentlicher Strahl in den Kristall eintreten, der andere wird total reflektiert.

§ 10. Verallgemeinerung: zweiachsige Kristalle

Die bisher behandelten Kristalle nannten wir einachsig, weil sie eine Achse der Isotropie besaßen, eine Richtung, in der sich das Licht wie in einem isotropen Medium fortpflanzt. Die zweiachsigen besitzen zwei solche Richtungen. Einachsig oder zweiachsig ist ein Kristall je nach dem Kristallsystem, dem er angehört. Einachsig sind die Kristalle des hexagonalen und des tetragonalen Systems mit ihrer einen ausgezeichneten Symmetrieachse, zweiachsig die der unsymmetrischeren Systeme, des rhombischen, des monoklinen und des triklinen.

Es liegt nahe, die Hilfsflächen zweiachsiger Kristalle durch Verallgemeinerung aus denen der einachsigen herzuleiten. Der experimentelle Befund würde aber nicht richtig wiedergegeben, wenn wir etwa das Rotationsellipsoid der Strahlenfläche zu einem dreiachsigen verallgemeinerten. Vielmehr hat man die Verallgemeinerung an einer der Konstruktionsflächen, etwa an dem Fresnelschen Ellipsoid, zu vollziehen: das Fresnelsche Ellipsoid Zweiachsiger ist kein Rotations-, sondern ein dreiachsiges Ellipsoid. Das Fresnelsche Ellipsoid Einachsiger konstruierten wir aus den Hauptlichtgeschwindigkeiten *o* und *e*. Jetzt konstruieren wir ein Ellipsoid über drei Hauptlichtgeschwindigkeiten, einer größten, die wir *a* nennen, einer mittleren *b* und einer kleinsten *c* als Halbachsen (Fig. 41). Die drei Achsen des Ellipsoids nennen wir „optische Symmetrieachsen", nicht zu verwechseln mit den alsbald auftretenden „optischen Achsen", eine Ebene durch je zwei Achsen „optische Symmetrieebene". Beim rhombischen System fallen natürlich die drei optischen Symmetrieachsen in die kristallographischen Achsen. Beim monosymmetrischen System muß eine mit der einen kristallographischen Symmetrieachse übereinstimmen, während sich über die andern nur aussagen läßt, daß sie in der einzigen kristallographischen Symmetrieebene liegen. Im asymmetrischen System gibt es für die Lage der optischen Symmetrieachsen keine Anhaltspunkte aus der Kristallform.

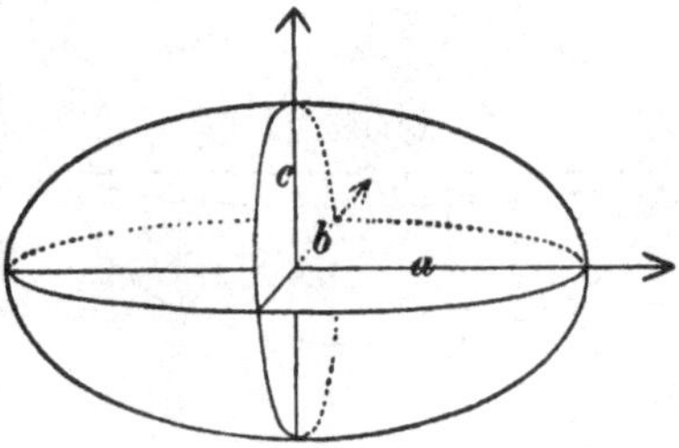

Fig. 41. Fresnelsches Ellipsoid eines zweiachsigen Kristalls

Zur Strahlenfläche gelangen wir auf dem vom § 5 her bekannten Wege. Wir beginnen damit, Lichtstrahlen zu betrachten, die in der *ac*-, der Papierebene, verlaufen. Zur vertikalen Strahlenrichtung *c* gehört als Schnittellipse die horizontale mit den Halbachsen *a* und *b*, *a* und *b* sind demnach die Strahlengeschwindigkeiten in Richtung *c* und sollen in Fig. 42 in Richtung *c* abgetragen werden. Zur Strahlenrichtung *a* gehört als Schnittellipse die (vertikale) mit den Halbachsen *b* und *c*. *b* und *c* werden mithin in Fig. 42 als Strahlengeschwindigkeiten in Richtung *a* abgetragen. Für eine zwischen *a* und *c* in der Papierebene liegende Richtung l_1 ist die Schnittellipse in Fig. 43 schraffiert. Die eine ihrer Achsen ist wieder *b*, die andere hat einen Wert m_1, zwischen *a* und *c*. *b* und m_1, tragen wir in Fig. 42 in Richtung l_1 als Strahlengeschwindigkeiten ab. Lassen wir l_1 von der Rich-

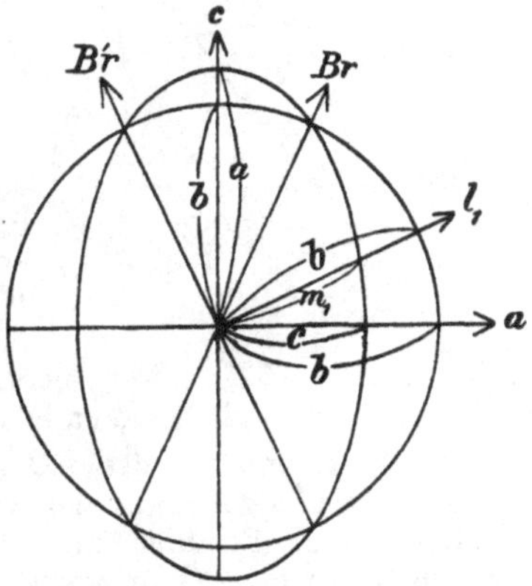

Fig. 42. Schnitt der Strahlenfläche mit der *ac*-Ebene

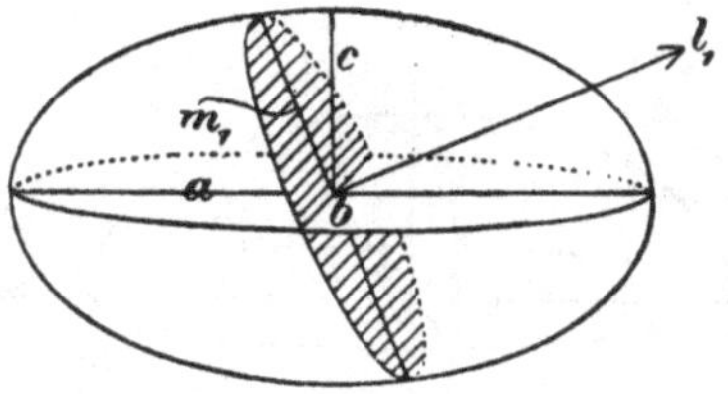

Fig. 43

tung a zur Richtung c übergehen, so ist eine Halbachse der Schnittellipse immer gleich b, während die andere ihren Wert m_1 von a bis c ändert. Auf diese Weise finden wir die Strahlengeschwindigkeiten für alle in der ac-Ebene verlaufenden Strahlen: Fig. 42, in der wir sie abtragen, stellt uns also den Schnitt der Strahlenfläche mit der ac-Ebene dar. Er besteht aus einem Kreise mit dem Radius b und einer Ellipse mit den Halbachsen a und c. Zwischen a und c muß m_1 den Wert b annehmen: das geschehe für die Strahlenrichtung *Br*. Die Schnittellipse, auf der sie senkrecht steht, ist ein Kreis mit dem Radius b (Fig. 44); in der Richtung *Br* pflanzen sich demnach beide Strahlen mit der gleichen Geschwindigkeit b fort. Dasselbe gilt für die symmetrische Richtung *B'r;* in Fig. 42 sind es die Richtungen, die nach dem Schnittpunkt von Kreis und Ellipse hinzielen. In gewissem Sinne können wir also *Br* und *B'r* als die Achsen des Kristalls bezeichnen (vgl. aber S. 52). Wir nennen sie „Strahlenachsen" oder „Biradialen".

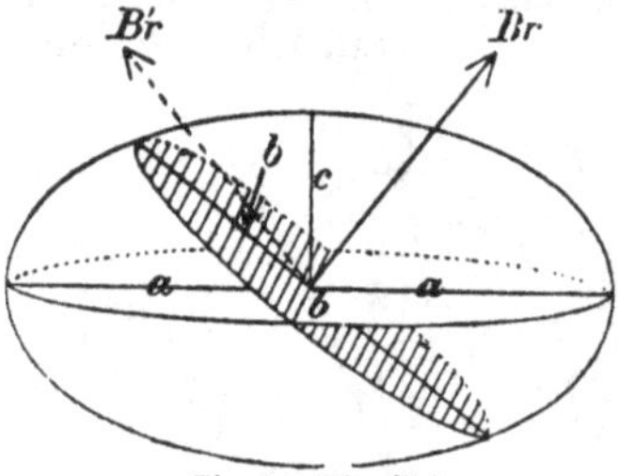

Fig. 44. Biradialen

Zur Bestimmung des Durchschnitts der Strahlenfläche mit der ab-Ebene, Fig. 45, betrachten wir die Strahlen, die beim Fresnelschen Ellipsoid Fig. 46 in der ab-(Horizontal-)Ebene verlaufen. Zur Richtung a gehören, wie bereits besprochen, die Strahlengeschwindigkeiten b und c, zur Richtung b die in der Papierebene liegende Ellipse mit den Halbachsen a und c; in Fig. 45, in der wir den gesuchten Schnitt darstellen wollen, tragen wir also in Richtung a die Strecken b und c, in Richtung b die Strecken a und c als Strahlengeschwindigkeit ab. Auf einer zwischen a und b liegenden *Richtung* l_2 (Fig. 46) steht eine

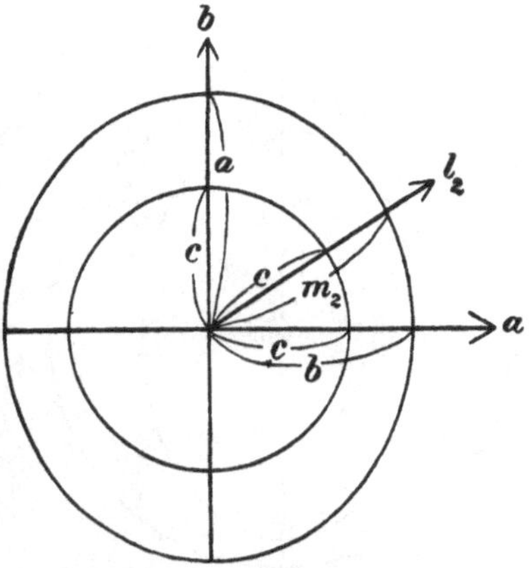

Fig. 45. Schnitt der Strahlenfläche mit der ab-Ebene

Schnittellipse (schraffiert) senkrecht, deren eine Halbachse wieder c ist, wie für alle Strahlen in der ab-Ebene, während die andere einen Wert m_2 zwischen a und b annimmt. Variiert man die Richtung l_2 zwischen a und b, so ergibt sich als Schnittfigur der Strahlenfläche mit der ab-Ebene die in Fig. 45 gezeichnete: ein Kreis mit dem Radius c und eine Ellipse mit den Halbachsen a und b.

Fig. 46

Dieselben Überlegungen stellen wir für die bc-Ebene an. Die Richtungen b und c selbst haben wir schon erörtert: in Richtung b haben wir a und c, in Richtung c haben wir a und b als Strahlengeschwindigkeiten abzutragen (Fig. 47). Eine Zwischenrichtung l_3 (Fig. 48) liefert eine Ellipse, die gleichfalls a zur einen Halbachse, zur anderen einen zwischen b und c liegenden Wert hat.

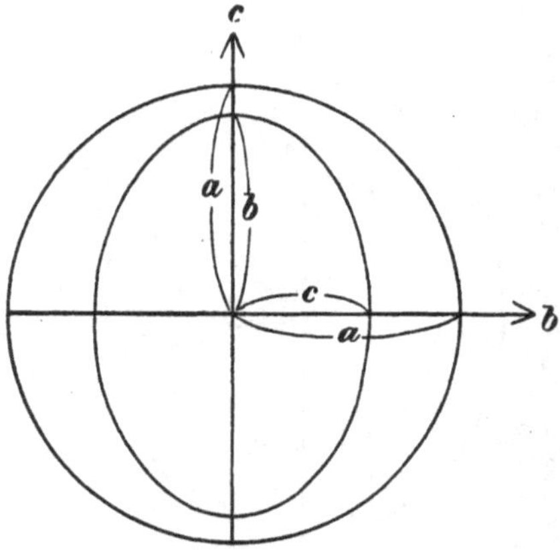

Fig. 47. Schnitt der Strahlenfläche mit der *bc*-Ebene.

So findet man als S c h n i t t f i g u r d e r S t r a h l e n f l ä c h e m i t d e r *bc* - E b e n e (Fig. 47) einen Kreis mit dem Radius *a* und eine Ellipse mit den Halbachsen *b* und *c*.

Stellen wir die drei gefundenen Schnitte zusammen, so erhalten wir (Fig. 49) ein Gerippe der Strahlenfläche, das den in Fig. 13 u. 14 dargestellten der einachsigen Kristalle entspricht. Die Strahlenfläche selbst stellt sich als eine F l ä c h e v i e r t e r O r d n u n g dar. Man befreie die Anschauung von der Durchschneidung von Ellipse und Kreis in den

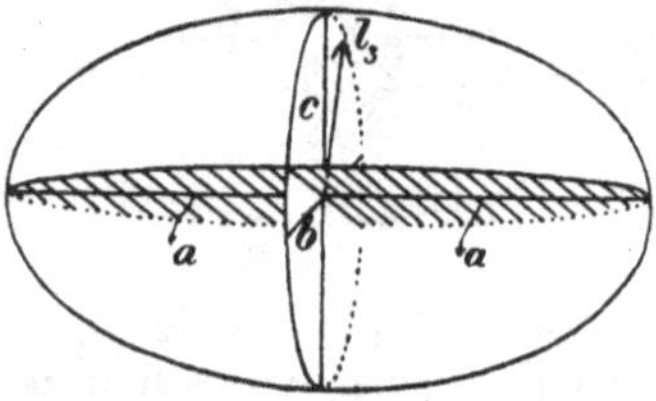

Fig. 48

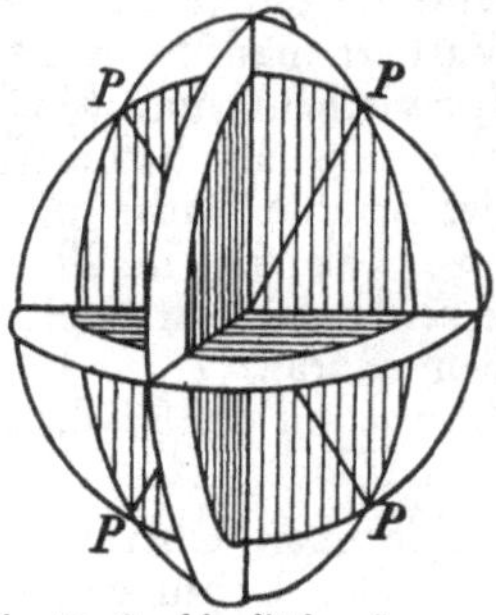

Fig. 49. Strahlenfläche eines zweiachsigen Kristalls

Punkten *P* und sehe die Fläche als zweischalig: innen einen Mehlsack mit vorstehenden Zipfeln, darum eine zweite Hülle, die in vier nabelhaften Einsenkungen bei *P* die Mehlsackzipfel berührt. Für keinen der beiden Strahlen ist die Geschwindigkeit nach allen Richtungen gleich, beide sind „außerordentlich". Das Vorhandensein eines *o.* Strahls ist also ein Sonderfall bei den Einachsigen. In welcher Weise die Strahlen gebrochen werden, ergibt die Huygenssche Konstruktion, die in derselben Weise auszuführen ist wie bei den Einachsigen in § 4.

Die Normalenfläche ist die Fußpunktfläche der Strahlenfläche. Der Schnitt der Normalenfläche z. B. mit der *bc*-Ebene wird also gefunden, indem wir von Fig. 47 ausgehend die Fußpunktkurven der beiden hier auftretenden Schnittkurven konstruieren. Der Kreis ist bekanntlich seine eigene Fußpunktkurve, und ebenso wissen wir (S. 31), daß die Ellipse ein Oval ergibt, so daß der Schnitt der Normalenfläche mit der *bc*-Ebene die Gestalt von Fig. 50 hat.

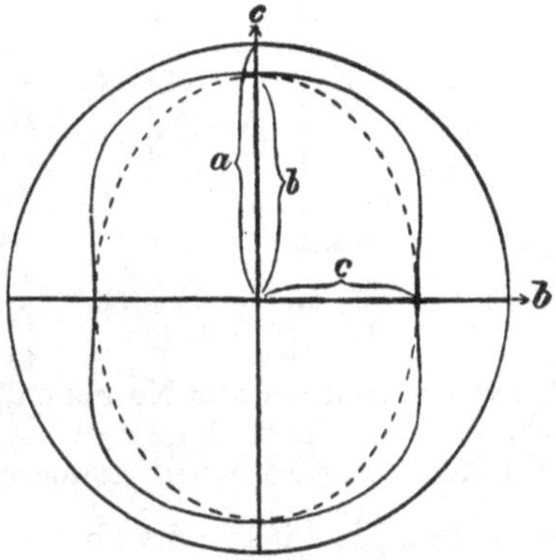

Fig. 50. Schnitt der Normalenfläche mit der *bc*-Ebene

Besonderes Interesse beansprucht der Schnitt mit der *ac*-Ebene. In dieser Ebene lagen die beiden Biradialen, und die Konstruktion des Schnitts der Normalenfläche ergibt (Fig. 51), daß in dieser Ebene auch die beiden Richtungen liegen müssen, in denen sich beide Wellennormalen mit der gleichen Geschwindigkeit fortpflanzen. Diese Richtungen *Bn* und *B'n* nennen wir „Binormalen". Sie stimmen mit den Biradialen *Br* und *B'r* nicht überein, wie man an der Figur erkennt, in die die Ellipse der Strahlenfläche und die Biradialen

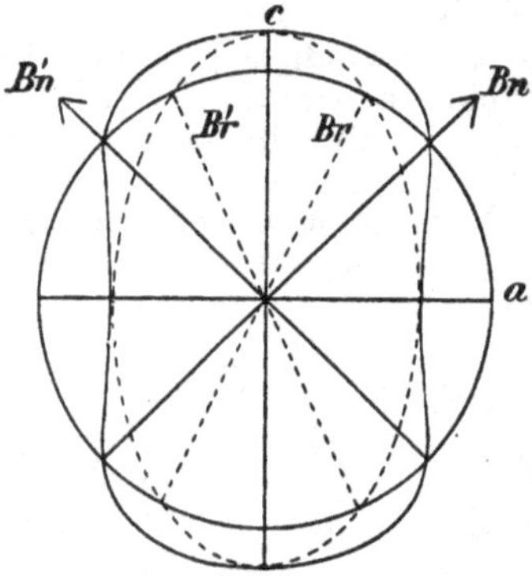

Fig. 51. Schnitt der Normalenfläche mit der *ac*-Ebene

punktiert eingezeichnet sind, bilden aber nur kleine Winkel mit ihnen.

Wir können zur Normalenfläche auch anders gelangen als durch eine Fußpunktkonstruktion von der Strahlenfläche aus. Wie wir nämlich früher (S. 34) von dem Indexellipsoid aus, das ein Rotationsellipsoid mit den Hauptbrechungsquotienten n_0 und n_e als Halbachsen war, zur Normalenfläche einachsiger Kristalle gelangten, ebenso kommen wir zur Normalenfläche Zweiachsiger, ausgehend von einem Indexellipsoid, das diesmal kein Rotationsellipsoid ist, sondern ein dreiachsiges mit den drei Hauptbrechzahlen $\frac{1}{a} = n_a$, $\frac{1}{b} = n_b$ und $\frac{1}{c} = n_c$ als Halbachsen, auf Grund der gleichen Regel wie früher. Die Geschwindigkeiten der beiden Wellennormalen in einer Richtung finden wir, indem wir senkrecht zu dieser Richtung eine Diametralebene durch das Indexellipsoid legen. Sie sind gleich den reziprok genommenen Halbachsen der Schnittellipse. Die beiden Binormalen stehen also senkrecht auf den Kreisschnitten des Indexellipsoids, so wie die beiden Biradialen auf den Kreisschnitten des Fresnelschen Ellipsoids.

Wie bei den einachsigen Kristallen gilt die weitere Tatsache, die in § 13 aus der elektromagnetischen Theorie folgen wird: Die beiden Halbachsen geben nicht nur ihrer Größe nach (reziprok genommen) die Normalengeschwindigkeiten in der auf der Ellipse senkrechten Richtung l an, sondern auch ihrer Richtung nach die Schwingungsrichtungen der beiden Wellen, die sich nach l fortpflanzen.

Ist eine bestimmte Schwingungsrichtung gegeben, so ist durch den in diese Richtung fallenden Radiusvektor des Indexellipsoids die Geschwindigkeit der Welle bestimmt, die nach der gegebenen Richtung schwingt. Die Lichtgeschwindigkeit ist darnach eindeutig abhängig von der Schwingungsrichtung.

Die Schwingungsrichtungen setzt man auf Grund der folgenden häufig anwendbaren Überlegung (vgl. z. B. Fig. 77) in Beziehung zu den Binormalen. Durch die Normale l (Fig. 52), deren Schwingungsrichtungen ich bestimmen will, und die eine Binormale *Bn* lege ich eine Ebene E, desgleichen durch l und die andere Binormale $B'n$ eine Ebene E'. Errichte ich im Mittelpunkt auf E ein Lot, so gehört es, da es auf *Bn* senkrecht steht, dem Kreisschnitte K, der senkrecht zu *Bn* liegt, an, hat also die Länge n_b. Desgleichen hat ein Lot auf E' die Länge n_b, da es im Kreisschnitt K' senkrecht zu $B'n$ liegt. Diese beiden Lote n_b stehen aber auch senkrecht auf l, bestimmen also die Ebene des zu l gehörigen elliptischen Schnitts (Fig. 53). Aus Symmetriegründen muß die lange und kurze Achse dieser Schnitt-

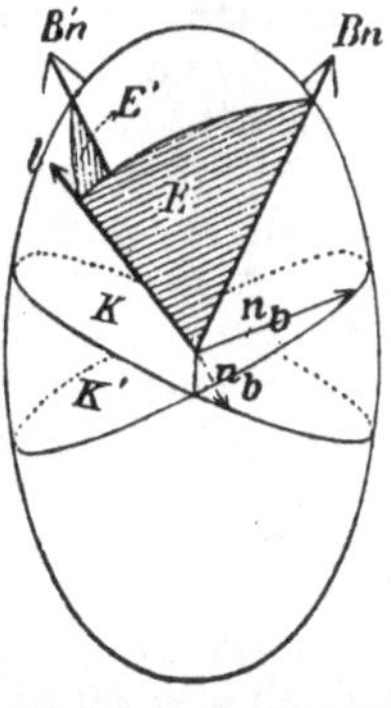

Fig. 52. Bestimmung der Schwingungsrichtungen

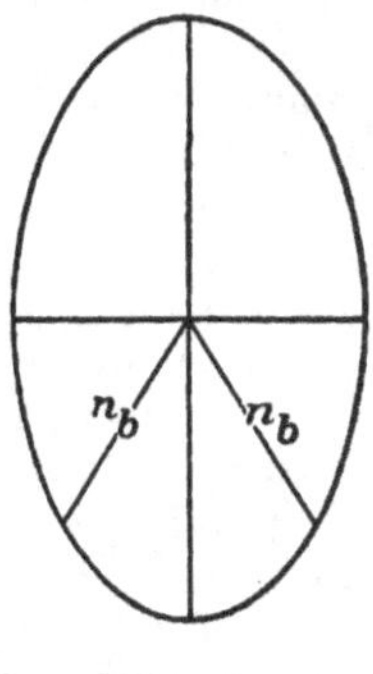

Fig. 53

ellipse den Winkel zwischen den beiden Loten n_b und den zugehörigen Außenwinkel halbieren; das gleiche gilt für die Schwingungsrichtungen, die ja in die Richtungen dieser Achsen fallen. Die beiden Schwingungsrichtungen halbieren also die Winkel zwischen den beiden Loten auf E und E', anders ausgedrückt: die eine halbiert den Winkel zwischen E und E' die andere steht senkrecht auf ihr.

Für Wellen, die in einer der Binormalenrichtungen fortschreiten, wird die Schnittellipse zum Kreis. Es gibt für sie keine definierten Halbachsen, also keine bestimmten Schwingungsrichtungen: alle Schwingungsrichtungen sind möglich, natürliches Licht geht ungehindert hindurch. Durch diese Beziehung treten die Binormalen in nähere Verwandtschaft zu den optischen Achsen der einachsigen Kristalle als die Biradialen, die nur dadurch ausgezeichnet waren, daß sich beide Strahlen in ihnen mit gleicher Geschwindigkeit fortpflanzten; und so meint man, wenn man schlechtweg von den „optischen Achsen zweiachsiger Kristalle" spricht, die Binormalen damit und nicht die Biradialen.

Die Linie, die den spitzen Winkel zwischen den optischen Achsen halbiert, nennt man die „erste Mittellinie", die darauf Senkrechte, den stumpfen Achsenwinkel Halbierende, „die zweite Mittellinie".

Erstens kann der Fall eintreten, daß die erste Mittellinie mit der kleinsten Achse des Fresnelschen Ellipsoids zusammenfällt, längs deren wir c abgetragen hatten: in diesem Falle (Fig. 54) nennen wir den Kristall „positiv zweiachsig"; fällt dagegen die erste Mittellinie in die Richtung der größten (a-)Achse des Fresnelschen Ellipsoids, so heißt der Kristall „negativ zweiachsig" (Fig. 55).

Die Bezeichnungsweise erklärt sich so: lassen wir beim positiv zweiachsigen Kristall die Achsen durch Null-Setzen des spitzen Winkels zwischen ihnen zusammenfallen, so entsteht ein einachsig positiver Kristall: außen die Kugel, innen das sie in der Achse berührende Rotationsovaloid, vgl. Fig. 29. Beim gleichen Verfahren entsteht aus dem negativ zweiachsigen ein negativ einachsiger.

Die Frage, *wieviele Konstanten einen Kristall in optischer Hinsicht bestimmen*, läuft auf die hinaus, wieviele Konstanten zur Bestimmung einer seiner Konstruktionsflächen, z. B. des Fresnelschen Ellipsoids, nötig sind. Denn jede der Konstruktionsflächen bestimmt das optische Verhalten des Kristalls, soweit wir es bisher ins Auge gefaßt haben,

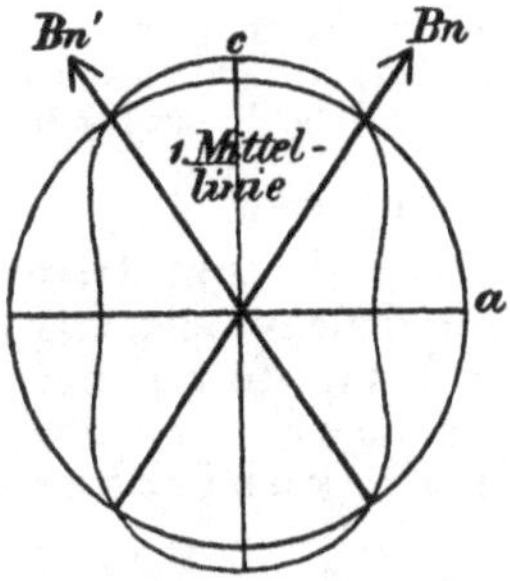

Fig. 54
Positiv zweiachsiger Kristall

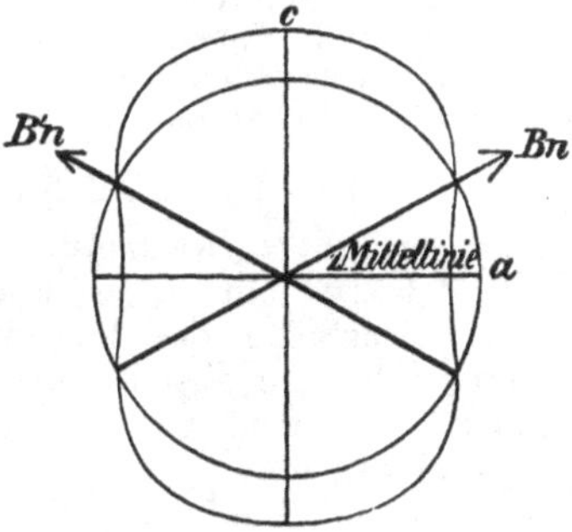

Fig. 55
Negativ zweiachsiger Kristall

vollständig. Ein Kristall des *regulären Systems* ist durch *eine* Konstante bestimmt, den Radius des zur Kugel ausgearteten Fresnelschen Ellipsoids, der die nach allen Seiten gleiche Lichtgeschwindigkeit angibt (s. Schluß von § 12).

Zur optischen Bestimmung eines *einachsigen Kristalls* sind *zwei Konstanten* nötig, die beiden Hauptlichtgeschwindigkeiten, zur Bestimmung eines *rhombischen Kristalls drei*, die drei Hauptlichtgeschwindigkeiten.

Im *monosymmetrischen System* sind *vier Konstanten* erforderlich; denn während in den vorhergehenden Fällen die Achsenlage des Ellipsoids eindeutig durch die Kristallsymmetrie bestimmt war, kommt jetzt zu den drei Hauptlichtgeschwindigkeiten eine vierte Zahl hinzu, die die Lage der optischen Symmetrieachsen in bezug auf die am Kristall auftretenden Kanten oder Flächen charakterisiert.

Eine Zahl genügt; denn von vornherein ist die Lage einer Symmetrieachse durch die Kristallachse bestimmt und die Ebene der zweiten und dritten durch die kristallographische Symmetrieebene. Durch die Angabe des Winkels, den z. B. die zweite mit irgendeiner Kristallkante bildet, legen wir sie eindeutig fest, und sind einmal zwei optische Symmetrieachsen bestimmt, so ist es damit auch die dritte.

Im asymmetrischen System sind außer den drei Hauptlichtgeschwindigkeiten drei Angaben über die Achsenlage nötig, so daß hier sechs unabhängige optische Konstanten auftreten. Zwei Zahlen, etwa Winkel mit Kristallkanten, bestimmen nämlich die eine optische Symmetrieachse, und ist diese festgelegt, so genügt, wie im rhombischen System, eine weitere Zahl zur Bestimmung der beiden anderen.

§ 11. Die konischen Refraktionen

Eine besondere Betrachtung verdienen die singulären Fälle, daß sich ein Strahl in der Biradialen- oder eine Wellennormale in der Binormalenrichtung fortpflanzt. Ersterer führt zur Erscheinung der „äußeren konischen", letzterer zu der „inneren konischen Refraktion".

1. Äußere konische Refraktion. Wenn ich im Punkte S an die Strahlenfläche eine Tangentialebene lege und vom Mittelpunkt O aus das Lot ON darauf fälle (vgl. Fig. 56, die einen Teil von Fig. 26 wiederholt), so ist ON bekanntlich die zum Strahle OS gehörige Normale und ein Maß für die Fortpflanzungsgeschwindigkeit der Tangentialebene. Bei einer zweischaligen Strahlenfläche gehören zu einem Strahle Os (Fig. 57) zwei Normalen ON und ON'; denn der Strahl schneidet die Strahlenfläche in zwei Punkten S und S', und in jedem läßt sich eine Tangentialebene an eine Schale der Fläche legen.

Pflanzt sich der Strahl gerade in einer Biradialenrichtung fort (Fig. 58), so scheint das Besondere zunächst nur darin zu liegen, daß beide Punkte S und S' in einen, P, zusammenfallen und daß beide Tangentialebenen im gleichen Punkte zu konstruieren sind, eine

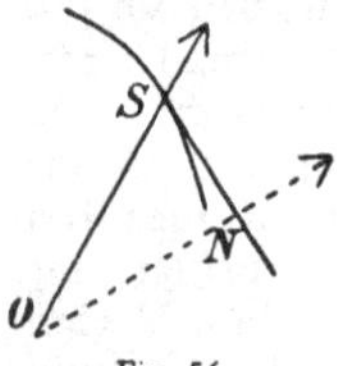

Fig. 56

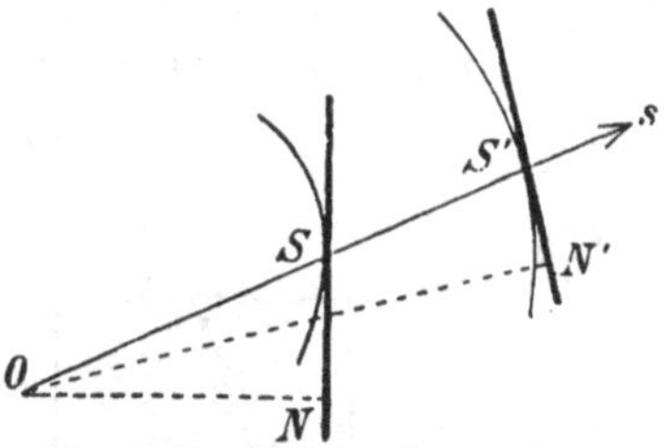

Fig. 57. Konstruktion der zu einem Strahle gehörigen Normalen

an den Kreis, eine an die Ellipse, beide auf der Papierebene senkrecht stehend. Eine genauere analytische Untersuchung ergibt aber, daß sich in *P* nicht nur zwei, sondern unendlich viele Tangentialebenen an die Strahlenfläche legen lassen, weil diese bei *P* die erwähnte trichterförmige Einsenkung hat. Die unendlich vielen, auf alle diese Ebenen zu fällenden Normalen gehören zu der einen Strahlenrichtung *OP;* es läßt sich zeigen, daß sie einen Kegel zweiten Grades erfüllen, in dem auch, wie aus Fig. 58 ersichtlich, die Biradialenrichtung selbst enthalten ist. Da sie verschiedene Länge haben (Fig. 58: $OP \neq ON$), so pflanzen sich die Tangentialebenen verschieden schnell fort. Einem in der Biradialenrichtung fortschreitenden Strahlenbündel können mithin verschieden geneigte, ebene Wellen zugehören, die beim Austritt aus dem Kristall wegen ihrer verschiedenen Geschwindigkeiten verschieden gebrochen werden und im Außenraum, wo Strahl und Normale identisch sind, einen Strahlenkegel ergeben (Fig. 59). Das ist der „Kegel der äußeren konischen Refraktion", den

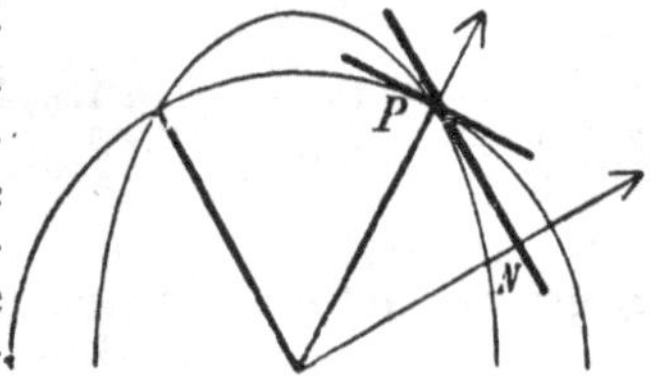

Fig. 58. Äußere konische Refraktion

H a m i l t o n aus der Theorie vorhergesagt und L l o y d (1833) experimentell zuerst nachgewiesen hat.

Fig. 59 Kegel der äußeren konischen Refraktion

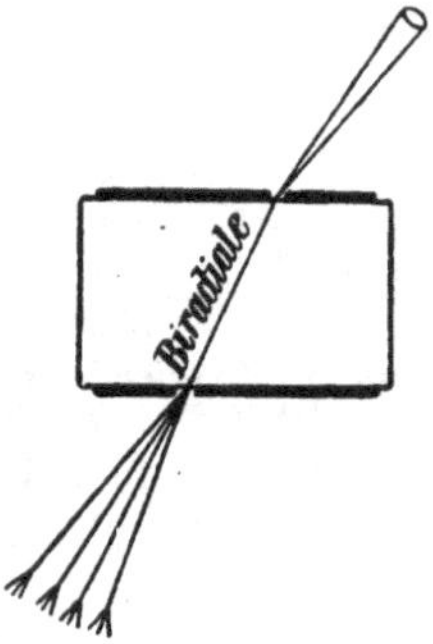

Fig. 60. Äußere konische Refraktion. Versuchsanordnung

Man stellt den Versuch so an, daß man zwei dünne, durchlochte Metallfolien derart an den beiden Seiten einer Kristallplatte anbringt (Fig. 60), daß die Verbindungslinie der Öffnungen in die Richtung der Biradialen fällt. In einem Lichtkegel, den man auf die eine Öffnung konzentriert, werden alle die Normalenrichtungen enthalten sein, deren zugehörige Strahlen im Kristall längs der Biradialen laufen und die beim Austreten den Kegel der äußeren konischen Refraktion bilden. Dessen Spitze liegt in der Austrittsöffnung: sein Öffnungswinkel beträgt z. B. beim Gips 0°18′, beim Aragonit 1°42,2′; einen außerordentlich großen Wert hat er beim Naphthalin. Hier liegen die Winkel der beiden konischen Refraktionen um 13°45′.

2. Auch die Entdeckung der **inneren konischen Refraktion** knüpft sich an die Namen H a m i l t o n und L l o y d (1833). An Fig. 56 rufen wir uns nochmals ins Gedächtnis, daß man den zu einer Normalenrichtung *ON* gehörigen Strahl *OS* findet, indem man senkrecht zu *ON* eine Tangentialebene an die Strahlenfläche legt und den Mittelpunkt mit deren Berührungspunkt verbindet. Bei einer zweischaligen Strahlenfläche lassen sich senkrecht zu einer Normalenrichtung im allgemeinen zwei Tangentialebenen an die Strahlenfläche legen (Fig. 61), an jede Schale eine. Ihre Abstände *ON* und *ON′* vom Anfangspunkt sind ein Maß für die beiden Normalengeschwindigkeiten in dieser Richtung (vgl. hierzu Fig. 26).

Im Falle, daß die Normalenrichtung in eine Binormale fällt, sind beide Normalengeschwindigkeiten gleich, beide Berührungspunkte S und S' (Fig. 62) liegen also auf der gleichen Tangentialebene, und zwar S auf der Binormalen selbst. Diese Tangentialebene berührt aber die Strahlenfläche nicht nur in zwei Punkten, sondern wie eine mathematische Untersuchung zeigt, in einem kleinen, die bekannte trichterförmige Einsenkung um-

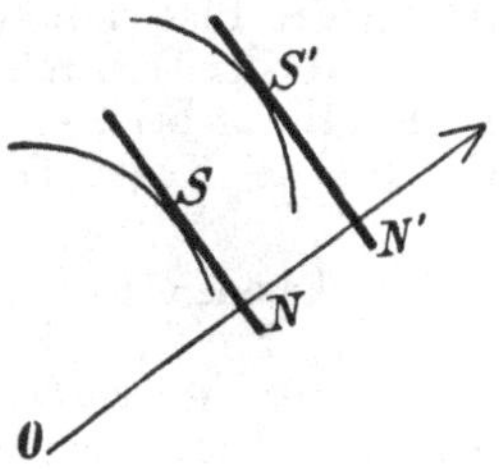

Fig. 61
Konstruktion der zu einer Normalen gehörigen Strahlen

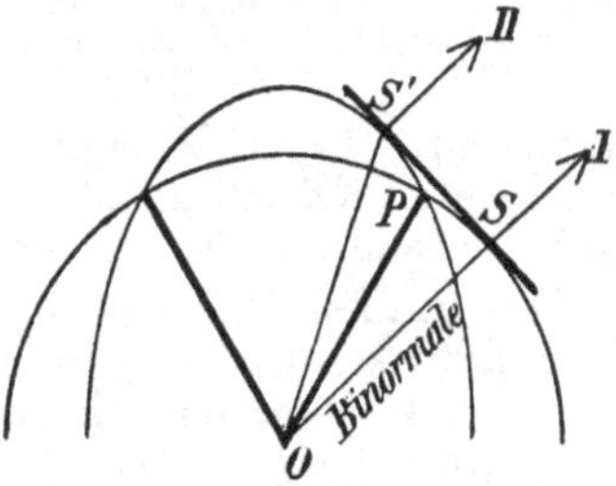

Fig. 62. Innere konische Refraktion

gebenden Kreise. Verbinde ich den Mittelpunkt mit allen Punkten dieses Kreises, so ergibt sich ein Kegel, der „Kegel der inneren konischen Refraktion"; er enthält alle die Strahlenrichtungen — die Richtung der Binormalen gehört auch dazu —, die einer in der Binormalenrichtung fortschreitenden ebenen Welle entsprechen. Beim Austritt aus dem Kristall wird aus diesem Strahlenkegel ein auf der gemeinsamen Wellenfront senkrecht stehender Strahlenzylinder (Fig. 63), von dem in Fig. 62 zwei Strahlen darstellbar sind, welche die durch I und II angegebene Richtung haben, wenn die ebene Welle den Kristall verläßt, ohne

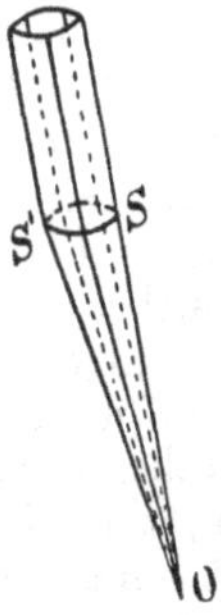

Fig. 63. Kegel der inneren konischen Refraktion

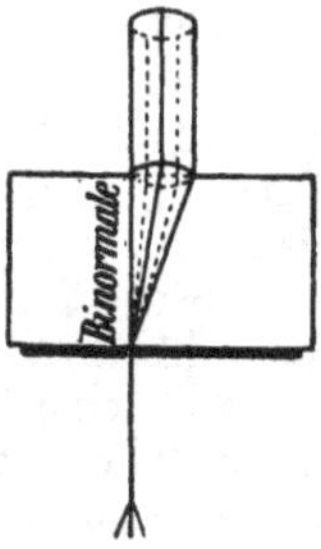

Fig. 64. Innere konische Refraktion. Versuchsanordnung

gebrochen zu werden, eine Annahme, die auch der Fig. 63 zugrunde gelegt ist.

Die Beobachtung der Erscheinung gestaltet sich etwa so, daß man eine Kristallplatte senkrecht zur Binormalen schneidet und ein feines Lichtbündel senkrecht auffallen läßt (Fig. 64). Das erfüllt im Kristall die Kegelfläche[1]) und tritt als Lichtzylinder, dessen Durchmesser von der Plattendicke abhängt, aus der Kristallplatte aus. Der Öffnungswinkel des Kegels ist bei einem bestimmten Kristall annähernd gleich dem des Kegels der äußeren konischen Refraktion.

Die Entdeckung der konischen Refraktionen ist als „Prunkstück der älteren theoretischen Physik" bezeichnet worden, und als schöne Schauversuche werden sie gern gezeigt. Das Prunkstück hat leider einen Schönheitsfehler: die genau in der Achsenrichtung laufenden Normalen führen unendlich wenig Energie mit sich und können gar nicht den Lichtring der innern konischen Refraktion bilden. Sie bilden vielmehr (Theorie von W. Voigt 1905) einen dunklen Ring, und der beobachtete helle entsteht aus Normalen, die den Achsen nahe benachbart verlaufen. Tatsächlich zeigte bereits 1839 der hinreichend verfeinerte Versuch (Poggendorff), daß der Lichtring durch einen schmalen dunklen Ring unterteilt ist. Ähnliches gilt für die äußere konische Refraktion. Das Versagen der älteren Theorie beruht letzten Endes darauf, daß sie geometrisch-optisch und nicht wellenoptisch denkt.

---

1) Bei der äußeren konischen Refraktion liegt der Kegel im Außen-, bei der innern im Innenraum.

§ 12. Eingliederung in die elektromagnetische Lichttheorie: die Normalenfläche

Wir gehen an die schwierige Aufgabe heran, die Ergebnisse der Theorie, die bisher als Mitteilung hingenommen werden mußten, aus den elektromagnetischen Grundgleichungen abzuleiten. Wir haben diese deduktive Ergänzung unserer rein induktiven Darstellung mehrfach in Aussicht gestellt:

1. bei Einführung der Strahlenfläche Einachsiger in § 4 und des Fresnelschen Ellipsoids Einachsiger in § 5 und Zweiachsiger in § 10;

2. bei Angabe der Schwingungsrichtungen im Kristall in den §§ 6, 8 und 10.

Strahlenfläche und Fresnel-Ellipsoid bilden mit den übrigen „Hilfsflächen", der Normalenfläche (§ 7), dem Indexellipsoid (§ 8), dem Polarisationsellipsoid (§ 8) und der Indexfläche (§ 9) insofern eine Einheit, als man zugleich mit einer der Hilfsflächen Zweiachsiger alle übrigen Flächen gewonnen hat. Denn alle Flächen Zweiachsiger hängen zwangsläufig zusammen, und ebenso zwangsläufig sind dann durch Gleichsetzen von zwei der drei Hauptlichtgeschwindigkeiten oder -brechungsquotienten alle Hilfsflächen Einachsiger zu gewinnen, z. B. das Fresnelsche Rotationsellipsoid aus dem dreiachsigen. Wir werden uns darauf beschränken, die Normalenfläche Zweiachsiger aus den Maxwellschen Gleichungen herzuleiten und sie auf Einachsige zu spezialisieren (§ 12). Ein Sonderproblem aber bildet Punkt 2, die Frage der Schwingungsrichtungen. Sie gliedern wir im nächsten Paragraphen (§ 13) in die elektromagnetische Lichttheorie ein.

Die Maxwellschen Gleichungen lauten in kartesischen Koordinaten x, y, z für ein nicht leitendes Medium:

1. Tripel 2. Tripel

$$(1)\quad \begin{aligned} \frac{1}{C}\frac{\partial \mathfrak{D}_x}{\partial t} &= \frac{\partial \mathfrak{H}_z}{\partial y} - \frac{\partial \mathfrak{H}_y}{\partial z} & \qquad \frac{1}{C}\frac{\partial \mathfrak{H}_x}{\partial t} &= \frac{\partial \mathfrak{E}_y}{\partial z} - \frac{\partial \mathfrak{E}_z}{\partial y} \\ \frac{1}{C}\frac{\partial \mathfrak{D}_y}{\partial t} &= \frac{\partial \mathfrak{H}_x}{\partial z} - \frac{\partial \mathfrak{H}_z}{\partial x} & \qquad \frac{1}{C}\frac{\partial \mathfrak{H}_y}{\partial t} &= \frac{\partial \mathfrak{E}_z}{\partial x} - \frac{\partial \mathfrak{E}_x}{\partial z} \\ \frac{1}{C}\frac{\partial \mathfrak{D}_z}{\partial t} &= \frac{\partial \mathfrak{H}_y}{\partial x} - \frac{\partial \mathfrak{H}_x}{\partial y} & \qquad \frac{1}{C}\frac{\partial \mathfrak{H}_z}{\partial t} &= \frac{\partial \mathfrak{E}_x}{\partial y} - \frac{\partial \mathfrak{E}_y}{\partial x} \end{aligned}$$

Hier ist C die Lichtgeschwindigkeit im Vakuum, t die Zeit. $\mathfrak{D}_x, \mathfrak{D}_y, \mathfrak{D}_z$ sind die Komponenten des Vektors $\mathfrak{D}$, der „dielektrischen Erregung", $\mathfrak{H}_x, \mathfrak{H}_y, \mathfrak{H}_z$ die der „magnetischen Feldstärke" $\mathfrak{H}$, $\mathfrak{E}_x, \mathfrak{E}_y, \mathfrak{E}_z$ die der „elektrischen Feldstärke" $\mathfrak{E}$. Die Magnetisierungskonstante ist gleich 1 gesetzt.

Bei isotropen Körpern ist $\mathfrak{D}$ einfach dem $\mathfrak{E}$ proportional:

$$(2)\qquad \mathfrak{D}_x = \varepsilon\mathfrak{E}_x, \quad \mathfrak{D}_y = \varepsilon\mathfrak{E}_y, \quad \mathfrak{D}_z = \varepsilon\mathfrak{E}_z$$

mit ε als der „Dielektrizitätskonstante". Der einzige Unterschied bei Anisotropen ist, wie bereits Maxwell erkannt hat, daß dieser Zusammenhang allgemeiner anzusetzen ist, als

$$(3)\qquad \mathfrak{D}_x = \varepsilon_1\mathfrak{E}_x, \quad \mathfrak{D}_y = \varepsilon_2\mathfrak{E}_y, \quad \mathfrak{D}_z = \varepsilon_3\mathfrak{E}_z$$

mit den drei „Hauptdielektrizitätskonstanten" $\varepsilon_1, \varepsilon_2, \varepsilon_3$. Dabei ist schon ein geeignetes Achsensystem gewählt, die „Hauptdielektrizitätsachsen", was dasselbe ist wie unsere „optischen Symmetrieachsen" des § 10. Andernfalls sähe der Zusammenhang umständlicher aus. Statt durch die drei ε kann man das anisotrope Medium auch durch die drei „Hauptlichtgeschwindigkeiten" a, b, c gemäß

$$(4)\qquad \frac{C^2}{\varepsilon_1} = a^2, \quad \frac{C^2}{\varepsilon_2} = b^2, \quad \frac{C^2}{\varepsilon_3} = c^2$$

kennzeichnen. So tauchen wiederum Bekannte aus § 10 auf.

Nun nehmen wir an, daß sich durch den Kristall ebene Sinuswellen fortpflanzen können. Statt eines sin Φ oder

$\cos \Phi$ schreiben wir aber rechnerisch einfacher $e^{i\Phi}$; denn das ist gleich $\cos \Phi + i \sin \Phi$, und wir können uns einigen, etwa den reellen Teil aller später in der Rechnung auftauchenden komplexen Größen immer als den physikalisch gültigen anzusehen. Der Ansatz für $\mathfrak{E}$, $\mathfrak{H}$ und $\mathfrak{D}$ bekommt also den zeitlich wie räumlich periodischen Faktor, der ebene, in der durch die Richtungscosinus α, β, γ bestimmten Normalenrichtung fortschreitende Wellen wiedergibt:

$$e^{i\omega t} e^{-ik(\alpha x + \beta y + \gamma z)}$$

mit ω als „F r e q u e n z" ($= 2\pi$ mal Schwingungszahl ν) und k als „W e l l e n z a h l" ($= 2\pi$ durch Wellenlänge λ). Es gilt also

$$(5) \qquad \frac{\omega}{k} = \nu\lambda = \text{Normalengeschwindigkeit} \quad v.$$

An diesem Ansatz bilden wir die in den Maxwellschen Gleichungen (1) vorkommenden Differentialquotienten. Zwischen ihnen bestehen nach (1) die Beziehungen (bei Weglassen des immer auf beiden Seiten auftretenden e-Faktors):

$$(6) \qquad
\begin{array}{ll|cc}
 & & \text{(I)} & \text{(III)} \\
\text{1. Tripel} & \left\{ \begin{array}{l}
\frac{1}{C}\mathfrak{D}_x \cdot \omega = -k(\beta\mathfrak{H}_z - \gamma\mathfrak{H}_y) \\[2ex]
\frac{1}{C}\mathfrak{D}_y \cdot \omega = -k(\gamma\mathfrak{H}_x - \alpha\mathfrak{H}_z) \\[2ex]
\frac{1}{C}\mathfrak{D}_z \cdot \omega = -k(\alpha\mathfrak{H}_y - \beta\mathfrak{H}_x)
\end{array} \right. &
\begin{array}{c} \cdot\alpha \\ + \\ \cdot\beta \\ + \\ \cdot\gamma \end{array} &
\begin{array}{c} \cdot\mathfrak{H}_x \\ + \\ \cdot\mathfrak{H}_y \\ + \\ \cdot\mathfrak{H}_z \end{array} \\
 & & \text{(II)} & \text{(IV)} \\
\text{2. Tripel} & \left\{ \begin{array}{l}
\frac{1}{C}\mathfrak{H}_x \cdot \omega = -k(\gamma\mathfrak{E}_y - \beta\mathfrak{E}_z) \\[2ex]
\frac{1}{C}\mathfrak{H}_y \cdot \omega = -k(\alpha\mathfrak{E}_z - \gamma\mathfrak{E}_x) \\[2ex]
\frac{1}{C}\mathfrak{H}_z \cdot \omega = -k(\beta\mathfrak{E}_x - \alpha\mathfrak{E}_y)
\end{array} \right. &
\begin{array}{c} \cdot\alpha \\ + \\ \cdot\beta \\ + \\ \cdot\gamma \end{array} &
\begin{array}{c} \cdot\mathfrak{E}_x \\ + \\ \cdot\mathfrak{E}_y \\ + \\ \cdot\mathfrak{E}_z \end{array}
\end{array}$$

Um das rechts seitlich Herangeschriebene kümmern wir uns vorerst nicht.

Wir streben jetzt auf die Gleichung der Normalenfläche zu, die $v = \frac{\omega}{k}$ als Funktion der Richtungscosinus α, β, γ enthalten wird und die Kristalleigenschaften in Gestalt der in den $\mathfrak{D}$ steckenden $\varepsilon_1, \varepsilon_2, \varepsilon_3$ oder der mit ihnen nach (4) gleichwertigen a, b, c. Dazu ersetzen wir in der allerersten Gleichung von (6) die $\mathfrak{H}$-Komponenten aus dem zweiten Tripel:

$$\frac{\omega}{C}\mathfrak{D}_x = -k\left\{\beta\left(\frac{-kC}{\omega}\right)(\beta\mathfrak{E}_x - \alpha\mathfrak{E}_y) - \gamma\left(\frac{-kC}{\omega}\right)(\alpha\mathfrak{E}_z - \gamma\mathfrak{E}_x)\right\},$$

$$\frac{\omega^2}{k^2C^2}\mathfrak{D}_x = \beta^2\mathfrak{E}_x - \alpha\beta\mathfrak{E}_y - \alpha\gamma\mathfrak{E}_z + \gamma^2\mathfrak{E}_x, \text{ hinzugefügt } \pm\alpha^2\mathfrak{E}_x,$$

wegen $\alpha^2+\beta^2+\gamma^2 = 1$:

$$\frac{\omega^2}{k^2C^2}\cdot\mathfrak{D}_x = \mathfrak{E}_x - \alpha(\alpha\mathfrak{E}_x + \beta\mathfrak{E}_y + \gamma\mathfrak{E}_z).$$

Hier wird noch $\frac{\omega}{k}$ nach (5) durch v ersetzt und die $\mathfrak{E}$- nach (3) durch die $\mathfrak{D}$-Komponenten:

$$\frac{v^2}{C^2}\mathfrak{D}_x = \frac{\mathfrak{D}_x}{\varepsilon_1} - \alpha\left(\alpha\frac{\mathfrak{D}_x}{\varepsilon_1} + \beta\frac{\mathfrak{D}_y}{\varepsilon_2} + \gamma\frac{\mathfrak{D}_z}{\varepsilon_3}\right),$$

schließlich auch noch die ε gemäß (4) durch a, b, c:

$$\mathfrak{D}_x(a^2 - v^2) = \alpha(\alpha a^2\mathfrak{D}_x + \beta b^2\mathfrak{D}_y + \gamma c^2\mathfrak{D}_z), \quad \Big|\cdot\frac{\alpha}{a^2 - v^2}$$

entsprechend $\quad +$

(7) $$\mathfrak{D}_y(b^2 - v^2) = \beta\cdot(\text{gleiche Klammer}), \quad \Big|\cdot\frac{\beta}{b^2 - v^2}$$

$\quad +$

$$\mathfrak{D}_z(c^2 - v^2) = \gamma\cdot(\text{gleiche Klammer}). \quad \Big|\cdot\frac{\gamma}{c^2 - v^2}$$

Durch die rechts angedeuteten Rechenoperationen, d. h. durch Multiplikation der ersten Gleichung mit $\frac{\alpha}{a^2 - v^2}$

usw. und durch nachherige Addition aller drei folgt links Null, wie man durch Ausführung der Operation (I) an (6) erkennt. Rechts kann aus dem gleichen Grunde die Klammer n i c h t gleich Null sein; vielmehr bleibt

$$(8) \qquad 0 = \frac{\alpha^2}{a^2 - v^2} + \frac{\beta^2}{b^2 - v^2} + \frac{\gamma^2}{c^2 - v^2}\,.$$

Das ist eine quadratische Gleichung für v^2 als Funktion von α, β, γ; also gehören zu jeder Richtung z w e i v-Werte, v' und v''. Tragen wir sie in Richtung α, β, γ auf, so entsteht eine zweischalige Fläche; w i r b e h a u p t e n, d a ß e s d i e a u s § 10 b e k a n n t e N o r m a l e n - f l ä c h e z w e i a c h s i g e r K r i s t a l l e i s t.

B e w e i s : Wir konstruieren zuerst den Schnitt von (8) mit der xz-Ebene unter der nichts einschränkenden Annahme $a > b > c$ und blicken dabei auf Fig. 51 zurück, die sich sogleich als Ergebnis wiederfinden wird. Liegt die Normale in der x-Richtung, so ist $\alpha = 1$, $\beta = \gamma = 0$, und als Wurzeln von (8) ergeben sich — man bringt (8) zweckmäßig rechts auf einen Nenner —

$$v' = b, \; v'' = c.$$

b und c tragen wir also in Fig. 65, die den genannten Schnitt darstellen soll, in der x-Richtung auf. Entsprechend a und b in der z-Richtung.

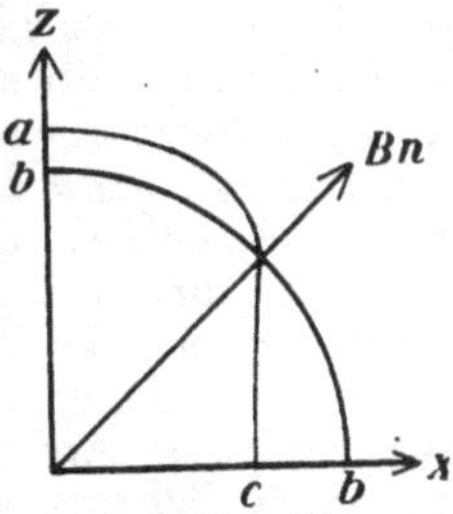

Fig. 65. Schnitt d. Normalenfläche mit der xz-Ebene

Liegt aber die Normale irgendwie in der xz-Ebene, so ist nur $\beta = 0$, und (8) wird zu

$$0 = \alpha^2 (b^2 - v^2)(c^2 - v^2) + \gamma^2 (a^2 - v^2)(b^2 - v^2),$$

was befriedigt wird

1. durch die Wurzel $v' = b$, d. h. einen Kreis mit dem
2. durch $0 = \alpha^2 (c^2 - v''^2) + \gamma^2 (a^2 - v''^2)$, d. h.

Radius b,

$$v''^2 = \frac{\alpha^2 c^2 + \gamma^2 a^2}{\alpha^2 + \gamma^2} = \alpha^2 c^2 + \gamma^2 a^2 \quad (\alpha^2 + \gamma^2 = 1!).$$

Dies aber ist, wie schon einmal in § 8 benutzt, die Gleichung eines Ovals mit den Halbachsen *a* und *c*. Zeichnen wir Kreis und Oval in Fig. 65 ein, so haben wir tatsächlich den einen Quadranten von Fig. 51 wiedergewonnen. In gleicher Weise ersteht die ganze Normalenfläche, und nach den Überlegungen vom Beginn dieses Paragraphen hat man damit alle Hilfsflächen Zweiachsiger wieder.

W i r s p e z i a l i s i e r e n a u f E i n a c h s i g e. Wir setzten zwei Hauptlichtgeschwindigkeiten gleich, etwa die beiden großen *a* und *b*. Dann rutschen in Fig. 65 die beiden Binormalen in die *z*-Achse und in der *xz*-Ebene der Figur finden sich als Schnitte ein Kreis *a* und ein Oval *a, c*, das innerhalb des Kreises liegt und ihn in der z-Achse berührt, kurzum es entsteht die alte Figur 29: w i r h a b e n d i e N o r m a l e n f l ä c h e e i n e s p o s i t i v e i n a c h s i g e n K r i s t a l l s w i e d e r g e f u n d e n. Ebenso finden wir die der negativ Einachsigen wieder, wenn wir $b = c$ setzen.

Setzen wir gar $a = b = c$, so entsteht etwas bisher noch nicht Behandeltes: die zweischalige Normalenfläche degeneriert zur einschaligen Kugel. Das ist der Fall des Kristallsystems, bei dem die drei aufeinander senkrechten Koordinatenachsen gleichwertig waren (§ 2), des höchstsymmetrischen „regulären“ Systems. Die Kristalle des regulären Systems verhalten sich also in dem Bereich, in dem unsere nicht atomistische Behandlungsweise gilt, wie isotrope Körper und scheiden daher aus unsern Betrachtungen aus — siehe die Ankündigung am Schluß von § 2.

Anders sieht es bei atomistischer Betrachtungsweise aus. Müßte man sich doch sonst wundern, daß im Röntgengebiet die Durchstrahlung etwa eines Steinsalzwürfels in verschiedenen Richtungen so verschiedene Lauediagramme liefert. Unsere Kontinuumsbetrachtungen gelten nur in erster Näherung; in höherer erweisen sich die regulären Kristalle bei gittertheoretischer Durchrechnung als n i c h t isotrop. Beim Steinsalz z. B., das in der Rhombendodekaederrichtung durchstrahlt wird

(Fig. 66), sollen die Wellen bei den Schwingungsrichtungen (1) und (2) (letztere in der Papierebene) je cm Weg einen Gangunterschied zwar nicht von $10^3 \lambda$ wie im Maximalfalle beim Kalkspat, aber von $10^{-8} \lambda$ gewinnen. Die Messung so geringer Gangunterschiede ist mit verfeinerten Hilfsmitteln durchaus möglich, aber bisher an der sich überlagernden Doppelbrechung durch natürliche Spannungen im Kristall gescheitert.

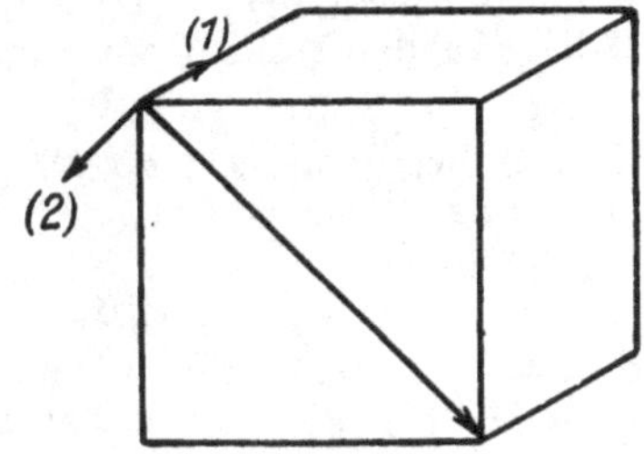

Fig. 66. Durchstrahlung eines Steinsalzwürfels

§ 13. Fortsetzung: die Schwingungsrichtungen

Die im Kristall allein möglichen Lagen der drei Vektoren $\mathfrak{E}$, $\mathfrak{H}$ und $\mathfrak{D}$ gegenüber der Wellennormalen, die durch α, β, γ bestimmt ist, und dem „Strahl", der in der Maxwellschen Theorie als Richtung der Energiefortpflanzung definitionsgemäß senkrecht auf $\mathfrak{E}$ und $\mathfrak{H}$ steht, werden durch Ausführung der vier Operationen (I) bis (IV) an dem Gleichungssystem (6) des vorigen Paragraphen gefunden. (I) liefert

$$\alpha \mathfrak{D}_x + \beta \mathfrak{D}_y + \gamma \mathfrak{D}_z = 0,$$

und das drückt nach einer Grundregel der Vektorrechnung die Tatsache aus, daß $\mathfrak{D}$ auf der Richtung α, β, γ, d. h. der Wellennormalen, senkrecht steht. Wir zeichnen Wellennormale, Wellenfront und in ihr $\mathfrak{D}$ in eine Figur ein (Fig. 67).

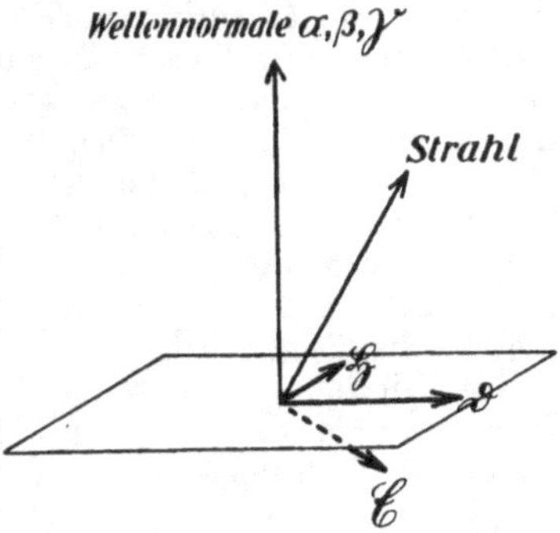

Fig. 67. Schwingungsrichtungen einer a.o. Welle im Kristall

Entsprechend liefert (II) $\alpha\mathfrak{H}_x + \beta\mathfrak{H}_y + \gamma\mathfrak{H}_z = 0$, d. h. $\mathfrak{H}$ liegt in der Wellenfront. (III) liefert

$$\mathfrak{H}_x\mathfrak{D}_x + \mathfrak{H}_y\mathfrak{D}_y + \mathfrak{H}_z\mathfrak{D}_z = 0,$$

d. h. $\mathfrak{H}$ liegt senkrecht zu $\mathfrak{D}$. Beide Aussagen genügen zum Einzeichnen von $\mathfrak{H}$.

(IV) liefert

$$\mathfrak{H}_x\mathfrak{E}_x + \mathfrak{H}_y\mathfrak{E}_y + \mathfrak{H}_z\mathfrak{E}_z = 0,$$

d. h. $\mathfrak{E}$ steht senkrecht auf $\mathfrak{H}$. Da die $\mathfrak{E}$-Richtung aber nach Gl. (3) des vorigen Paragraphen i. allg. nicht mit $\mathfrak{D}$ übereinstimmt, fällt $\mathfrak{E}$ nicht in die Wellenfront, sondern in der Figur etwa punktiert nach unten, und der Strahl als Senkrechte auf $\mathfrak{E}$ und $\mathfrak{H}$ fällt nicht mit der Wellennormalen zusammen. $\mathfrak{D}$ ist der Vektor, den wir früher als „Lichtvektor" bezeichnet haben. Zweierlei berechtigt ihn dazu: er ist ein elektrischer Vektor, und er liegt in der Wellenfront, die für die meisten Versuche von entscheidender Wichtigkeit ist. Wählen wir $\mathfrak{E}$ als Lichtvektor, so herrscht strenge Transversalität für die Strahlrichtung, wählen wir $\mathfrak{H}$, sowohl für die Strahl- wie für die Normalenrichtung.

So haben wir eine Reihe von Aussagen früherer Abschnitte aus der elektromagnetischen Theorie wiedergewonnen. Fig. 67 enthält aber von Beginn an eine Unbestimmtheit. Wir haben $\mathfrak{D}$ willkürlich in die Wellenfront eingezeichnet: wenn aber noch die drei Hauptdielektrizitätsachsen gegeben sind: wie liegt $\mathfrak{D}$ zu ihnen? Die Antwort des § 10 war: in den Halbachsen der Ellipse, in der die zu α, β, γ senkrechte Diametralebene das Indexellipsoid schneidet. Wir beenden den Paragraphen mit dem Nachweis, daß auch diese Regel von der strengen Theorie bestätigt wird.

Die Gleichung des Indexellipsoids mit n_a, n_b, n_c als Halbachsen, n als laufendem Radiusvektor und α', β', γ' als dessen Richtungscosinus ist

$$(1) \qquad \frac{1}{n^2} = \frac{\alpha'^2}{n_a^2} + \frac{\beta'^2}{n_b^2} + \frac{\gamma'^2}{n_c^2}.$$

Wir interessieren uns insbesondere für die beiden Richtungen α', β', γ', die in der Diametralebene senkrecht zu α, β, γ die Achsen der Schnittellipse festlegen; das sollen ja nach unserer Behauptung die Schwingungsrichtungen sein. Welche Gleichung gilt für sie?

Erstens gilt für sie

$$(2) \qquad 1 = \alpha'^2 + \beta'^2 + \gamma'^2$$

wie für jede Richtung α', β', γ'.

Zweitens gilt

$$(3) \qquad 0 = \alpha'\alpha + \beta'\beta + \gamma'\gamma$$

wie für jede Richtung senkrecht zu α, β, γ. Drittens sind sie als Achsenrichtungen Extremwerte der Gleichung (1) mit den Nebenbedingungen (2) und (3).

Solche „Variationsprobleme mit Nebenbedingungen" löst man so, daß man erst jede der Nebenbedingungen mit einem „Lagrangeschen Faktor" multipliziert, (2) mit λ, (3) mit μ, und sie dann zu (1), das wir noch mit C^2 multiplizieren, addiert:

$$\frac{C^2}{n^2} + \lambda = \left(\frac{C^2}{n_a^2} + \lambda\right)\alpha'^2 + \left(\frac{C^2}{n_b^2} + \lambda\right)\beta'^2 + \left(\frac{C^2}{n_c^2} + \lambda\right)\gamma'^2 + \mu(\alpha\alpha' + \beta\beta' + \gamma\gamma').$$

Dann hat man die entstandene Gleichung nach den drei Variablen α', β', γ' zu differenzieren und die Differentialquotienten gleich Null zu setzen:

$$(4) \qquad \begin{aligned} 2\left(\frac{C^2}{n_a^2} + \lambda\right)\alpha' + \mu\alpha &= 0 \qquad &\Big|\cdot\alpha' \\ &&+ \\ 2\left(\frac{C^2}{n_b^2} + \lambda\right)\beta' + \mu\beta &= 0 &\Big|\cdot\beta' \\ &&+ \\ 2\left(\frac{C^2}{n_c^2} + \lambda\right)\gamma' + \mu\gamma &= 0 &\Big|\cdot\gamma' \end{aligned}$$

Die seitlich angedeutete Operation liefert unter Beachtung von (2) und (3)

$$2\left(\alpha'^2\frac{C^2}{n_a^2} + \beta'^2\frac{C^2}{n_b^2} + \gamma'^2\frac{C^2}{n_c^2}\right) + 2\lambda = 0.$$

Die Klammer ist nach (1) gleich $\frac{C^2}{n^2} = v^2$ (v Lichtgeschwindigkeit im Kristall), also $\lambda = -v^2$, was in (4) eingesetzt wird:

$$\alpha' = \frac{-\mu\alpha}{2\left(\frac{C^2}{n_a^2} - v^2\right)}, \quad \beta' = \frac{-\mu\beta}{2\left(\frac{C^2}{n_b^2} - v^2\right)}, \quad \gamma' = \frac{-\mu\gamma}{2\left(\frac{C^2}{n_c^2} - v^2\right)}.$$

Es gilt also, wenn wir nach dem bekannten Zusammenhang von Hauptbrechzahlen und Hauptlichtgeschwindigkeiten (s. S. 50 nur war damals vereinfachend C = 1 gesetzt) noch

$$\frac{C^2}{n_a^2} = a^2, \quad \frac{C^2}{n_b^2} = b^2, \quad \frac{C^2}{n_c^2} = c^2$$

setzen, für die Achsenrichtungen unserer Schnittellipse das Verhältnis

$$\alpha' : \beta' : \gamma' = \frac{\alpha}{a^2 - v^2} : \frac{\beta}{b^2 - v^2} : \frac{\gamma}{c^2 - v^2}.$$

Die gleiche Beziehung erfüllen aber nach § 12, Gl. (7) die $\mathfrak{D}$-Komponenten:

$$\mathfrak{D}_x : \mathfrak{D}_y : \mathfrak{D}_z = \frac{\alpha}{a^2 - v^2} : \frac{\beta}{b^2 - v^2} : \frac{\gamma}{c^2 - v^2}.$$

Damit ist erwiesen, daß die Schwingungsrichtungen in die genannten Achsenrichtungen fallen, wie es die Regel des § 10 behauptete.

II. Teil

Interferenzerscheinungen im polarisierten Lichte

§ 14. Kristallplatten im parallelen polarisierten Lichte

Meßmethoden, die kristalloptische Hilfsmittel benützen, und Vorlesungsversuche gehen in großer Zahl auf den Fall 3 des § 4 zurück, die senkrechte Durchstrahlung einer achsenparallel geschnittenen Kristallplatte. Seit § 6 wissen wir, daß die beiden Wellen, die in der Platte einen Gangunterschied gewonnen haben, senkrecht zueinander schwingen. Nach dem Austritt beschreibt der Endpunkt des Lichtvektors also i. allg. eine Ellipse (Erinnerung an die Mechanik: Zusammensetzung rechtwinklig zueinander verlaufender Schwingungen, Lissajousfiguren), die auch in eine Gerade ausarten kann oder wenn beide Komponenten gleich sind und 1, 3, 5 ... Viertelwellen Gangunterschied haben, in einen Kreis. Man spricht dann von „elliptisch polarisiertem" Lichte, von „linear" und von „zirkularpolarisiertem", und zwar von rechts- oder linkszirkularem, je nachdem der Kreis, wenn man der Welle entgegensieht, im Sinne des Uhrzeigers oder entgegengesetzt durchlaufen wird.

Beide Schwingungen können interferieren, wenn sie auf dieselbe Schwingungsrichtung gebracht werden und außerdem nicht aus natürlichem, sondern bereits linear polarisiertem Licht entstanden sind (Gesetze von Fresnel und Arago 1816; zu der zweiten Bedingung s. S. 75). Das führt zu der Versuchsanordnung, die in Fig. 68 in der für subjektive Beobachtung geeigneten Form des „Orthoskops" dargestellt ist.

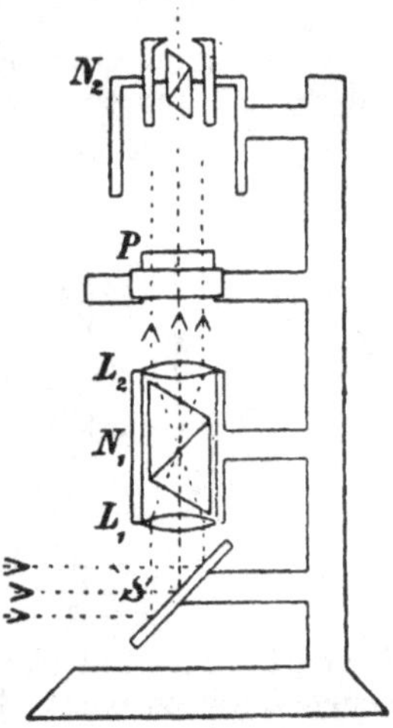

Fig. 68. Orthoskop

S ist ein Spiegel, der das Licht nach oben wirft, N_1 der Polarisator, der das einfallende Licht polarisiert (§ 6), eingefügt zwischen zwei Sammellinsen L_1 und L_2, von denen die erste bewirkt, daß möglichst viele Strahlen den unteren Nicol durchsetzen, während die zweite das austretende Licht wieder parallel macht; N_2 ist der Analysator (§ 6). Zwischen beiden Nicols liegt die Kristallplatte *P* auf einem Glastischchen, das ebenso wie die beiden Nicols um eine vertikale Achse drehbar ist. Die Platte wird hier — und das ist das Gemeinsame aller der Fälle, die wir zunächst besprechen — von parallelen Lichtstrahlen rechtwinklig durchsetzt. Daher Orthoskop! Jede Stelle des Gesichtsfelds ist dann gleichwertig und muß in gleicher Helligkeit oder Färbung erscheinen. — Mikroskopisch kleine Kristalle kann man in einem Mikroskop untersuchen, das man durch Hinzufügen zweier Nicols zum Orthoskop umgestaltet hat („Polarisations-Mikroskope", Lieferant u. a. Ernst Leitz, Wetzlar; Winkel, Göttingen).

Wir bringen in diesen Apparat eine parallel zur Achse geschnittene Platte eines einachsigen durchsichtigen Kristalls, wie wir sie in Fig. 25, dort allerdings auf den teilweise undurchsichtigen Turmalin bezogen, vor uns haben. Es kommt darauf an, den Einfluß der verschiedenen Variablen auf die Interferenzerscheinung herauszuschälen: wir können die Platte drehen, wir können Polarisator und Analysator drehen, wir können die Farbe des angewandten Lichts variieren. Wir beschränken uns auf die ausgeprägtesten Fälle: wir stellen zuerst die Nicols parallel und drehen die Platte, wobei wir erstens monochromatisches, zweitens weißes Licht anwenden. Dann machen wir dasselbe bei gekreuzten Nicols. Die Art, wie wir immer verfahren, ist durch Fig. 69 gekennzeichnet. Wir zerlegen die auf die Platte auffallende lineare Schwingung von der Amplitude h in zwei Komponenten i_1 und i_2 nach den beiden in der Platte möglichen Schwingungsrichtungen S_1 parallel zur Achse und S_2 senkrecht dazu. Von i_1 wie von i_2 geht durch den Analysator nur die in dessen Schwingungsrichtung fallende Komponente k_1 bzw. k_2 hindurch. Deren Zusammenwirken wird schließlich beobachtet.

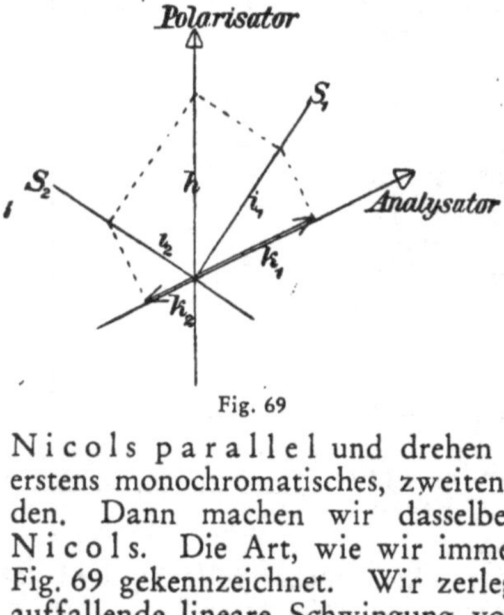

Fig. 69

I. Nicols parallel

1. Monochromatisches Licht

Wir stellen zuerst (Fig. 70) die Platte so, daß eine ihrer Schwingungsrichtungen mit der gemeinsamen von Polarisator und Analysator übereinstimmt und bezeichnen das als „*Normalstellung*“ der Platte. In diesem Falle geht die ankommende Schwingung h unzerlegt durch die Platte hindurch. *Die Platte hat, wie dick sie auch sei, überhaupt keinen Einfluß auf die Erscheinung.*

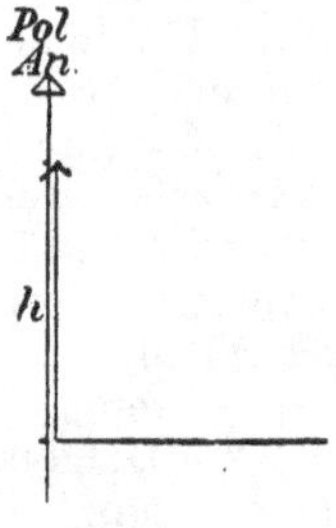

Fig. 70. Parallele Nicols. Normalstellung

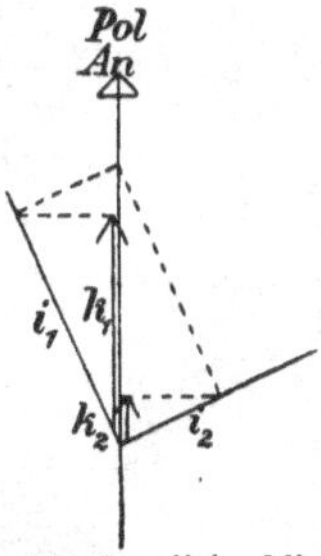

Fig. 71. Parallele Nicols. Allgemeiner Fall

Nun drehen wir die Platte etwa bis in die Lage Fig. 71 und führen die Zerlegung nach dem Schema von Fig. 69 aus bis zu k_1 und k_2 als interferierenden Lichtverktoren. Die Summe $k_1 + k_2$ ist geometrisch genommen immer konstant gleich h. Physikalisch summiert sich aber die Wirkung von k_1 und k_2 zu einer Gesamtamplitude $k = k_1 + k_2$ nur dann, wenn beide „gleichzeitig angreifen“, d. h. bei einem Gangunterschied von O, λ, 2λ .... Ist die Platte gerade so dick, daß sie den beiden Komponenten einen dieser Gangunterschiede erteilt, so zeigt sie beim Drehen immer dieselbe Helligkeit, die auch ohne die Platte herrschen würde, natürlich bei Vernachlässigung der Reflexionen. Beträgt aber der Gangunterschied $\frac{\lambda}{2}$, $3\,\frac{\lambda}{2}$ ..., so greifen k_1 und k_2 im entgegengesetzten Sinne an: wenn k_1 nach oben wirkt, wirkt k_2 nach unten. Beide setzen sich dann zu einem $k = | k_1 - k_2 |$ zusammen, und in der „D i a g o n a l s t e l l u n g“ (Fig. 72), wo die Polarisatorrichtung den Winkel zwischen den Schwingungsrichtungen der Platte gerade halbiert und k_1 gleich k_2 wird, heben sie sich ganz auf[1]). Bei einem Gangunterschiede von $\frac{\lambda}{2}, 3\,\frac{\lambda}{2} \ldots$ wird also beim Drehen volle Helligkeit (in der Normalstellung) mit völliger Dunkelheit (in der Diagonalstellung) wechseln, und zwar wird bei einer vollen Umdrehung das Gesichtsfeld viermal hell und viermal dunkel. Beträgt der Gangunterschied weder genau ein Vielfaches einer ganzen noch einer halben Wellenlänge, so wechselt volle Helligkeit (Normalstellung) mit mäßiger Helligkeit (Minimum in der Diagonalstellung).

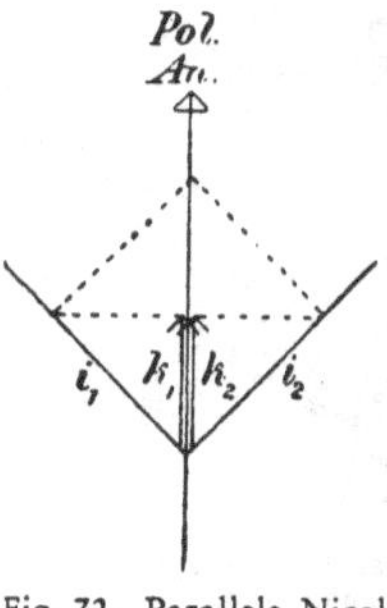

Fig. 72. Parallele Nicols. Diagonalstellung

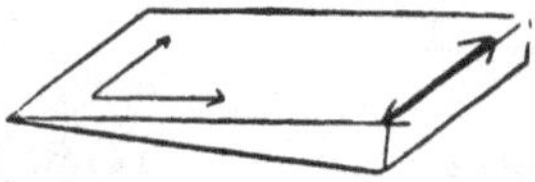

Fig. 73. Kristallkeil

Verschiedene Gangunterschiede kann man gleichzeitig beobachten, wenn man statt der Platte einen K r i s t a l l k e i l anwendet, gewissermaßen eine Nebeneinanderstellung von verschieden dicken Platten, bei dem die Achse parallel der Keilkante, die Schwingungsrichtungen parallel und senkrecht zur Kante laufen (Fig. 73). In der Normalstellung erscheint der Keil überall gleich hell, in der Diagonalstellung zeigt er dunkle Streifen, die an den Stellen, wo der Gangunterschied ge-

[1]) Man lese in einem Lehrbuch der Physik über die Zusammensetzung zweier gleichgerichteter Schwingungen derselben Frequenz nach. Formelmäßig ist die resultierende Amplitude $k = \sqrt{k_1^2 + k_2^2 + 2k_1k_2 \cos \varphi}$, wenn φ der im Winkelmaß ausgedrückte Gangunterschied, der „P h a s e n u n t e r s c h i e d“ ist. $1\,\lambda$ entspricht $\varphi = 360° = 2\,\pi$.

rade $\frac{\lambda}{2}$, $3\ \frac{\lambda}{2}$ ... beträgt, ganz schwarz sind. In den Zwischenstellungen treten graue Streifen auf.

2. Weißes Licht

In der Normalstellung hat die Platte nie einen Einfluß; in der Diagonalstellung werden diejenigen Farben ganz ausgelöscht, für die der Gangunterschied $\frac{\lambda}{2}$, $3\ \frac{\lambda}{2}$ ... beträgt. Die andern Farben werden geschwächt, nur die nicht, für die der Gangunterschied O, λ, $2\,\lambda$... ist, Kurz: das Gesichtsfeld erscheint in einer Mischfärbung, die von der Dicke der Platte abhängt und in der die zuletzt genannten Farben überwiegen. Beim Drehen um 360° wechselt viermal Weiß (in den Normalstellungen) mit viermaliger intensiver Färbung (in den Diagonalstellungen). Ein Keil geht von Weiß (Normalstellung) zu einer Farbenskala über, die in den Diagonalstellungen am intensivsten ist und später näher untersucht werden wird.

II. Nicols gekreuzt

1. Monochromatisches Licht

Wir führen genau dieselben Operationen aus wie vorher und werden finden, daß immer da, wo bei parallelen Nicols Helligkeit herrschte, jetzt Dunkelheit herrscht und umgekehrt, und daß an Stelle irgendeiner Färbung die komplementäre tritt.

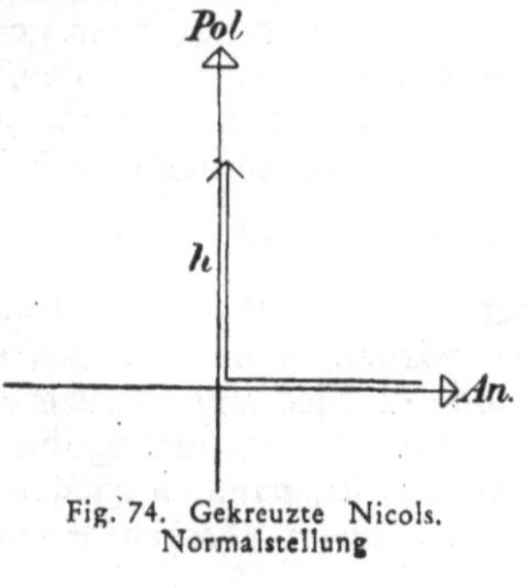

Fig. 74. Gekreuzte Nicols. Normalstellung

In der Normalstellung (Fig. 74), wo die Schwingungsrichtungen im Plättchen mit denen der Nicols übereinstimmen, geht h unzerlegt durch die Platte und wird vom

Analysator vollständig ausgelöscht, genau so als ob die Platte gar nicht da wäre. W i e a u c h d e r i n d e r P l a t t e e r r e i c h t e G a n g u n t e r s c h i e d s e i : d a s G e s i c h t s f e l d i s t v ö l l i g d u n k e l. In den anderen Stellungen bilden wir wieder die beiden Komponenten nach den Schwingungsrichtungen der Platte und führen diese dann auf die Analysatorrichtung zurück. In Fig. 75 und 76 ist dies für eine Zwischenstellung und die Diagonalstellung angedeutet. Geometrisch gesprochen ist

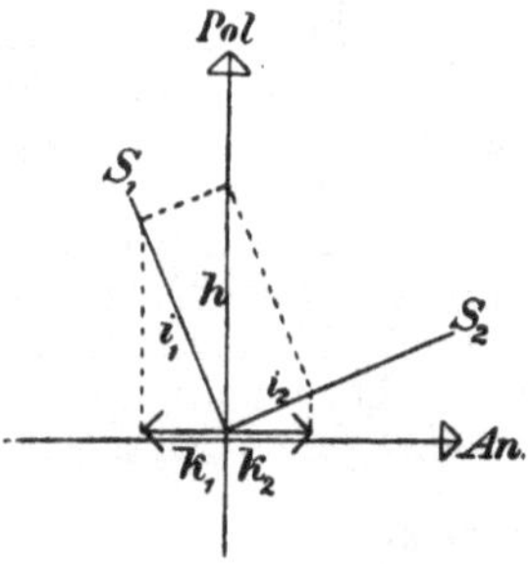

Fig. 75. Gekreuzte Nicols. Allgemeiner Fall

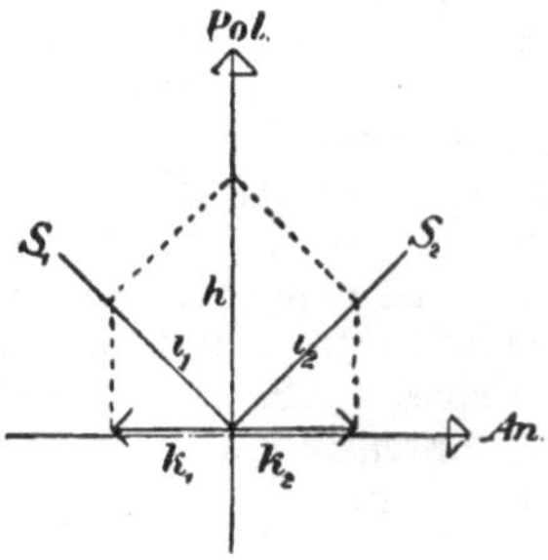

Fig. 76. Gekreuzte Nicols. Diagonalstellung

jetzt immer die D i f f e r e n z der beiden Komponenten k_1 und k_2 konstant gleich Null. Sie heben sich aber in ihrer Wirkung nur dann gerade auf, wenn sie gleichzeitig angreifen, also mit einem Gangunterschiede von $0, \lambda, 2\lambda \ldots$ austreten. Erteilt die Platte einen dieser Gangunterschiede, so bleibt sie beim Drehen in jeder Lage völlig dunkel. Ist aber der Gangunterschied $\frac{\lambda}{2}, 3\,\frac{\lambda}{2} \ldots$, so ist einer der Pfeile um 180° herumzuwerfen und k_1 und k_2 wirken in der gleichen Richtung, verstärken sich also und erzeugen eine gewisse Helligkeit, die in der Diagonalstellung, wo k_1 und k_2 ihren maximalen Wert haben, am größten ist, nämlich so wie sie ohne Platte wäre ($k_1 + k_2 = h$). Beim Drehen eines Plättchens, das einen dieser

Gangunterschiede hervorruft, wechselt demnach viermalige völlige Dunkelheit (in den Normalstellungen) mit viermaliger völliger Helligkeit (in den Diagonalstellungen), umgekehrt wie bei parallelen Nicols. Bei einem Plättchen, das weder genau den einen noch den anderen Gangunterschied bewirkt, wechselt völlige Dunkelheit (Normalstellungen) mit mäßiger Helligkeit (Maximum in den Diagonalstellungen).

Will man die unbekannten Schwingungsrichtungen eines Plättchens bestimmen, so braucht man es demnach nur zwischen gekreuzte Nicols zu bringen. In den Stellungen, wo es Dunkelheit zeigt, liegen die Schwingungsrichtungen, die man daher auch „Auslöschungsrichtungen" nennt, parallel den beiden Nicolschwingungen.

Der Keil zeigt in der Normalstellung Dunkelheit, in der Diagonalstellung schwarze Streifen an den Stellen, wo bei parallelen Nicols helle waren, und umgekehrt.

Hierbei sei auf die Bedeutung des Polarisators hingewiesen: fiele natürliches Licht mit seinen fortwährend wechselnden Schwingungsrichtungen auf die Kristallplatte, so wäre die Interferenz in einem bestimmten Moment, wo die Schwingung gerade parallel dem Analysator stattfindet, gemäß dem Sonderfall „Nicols parallel", sehr wenig später, wo sie sich um 90° gedreht hat, gemäß dem der „gekreuzten Nicols". Der Wechsel ist so schnell, daß das Auge keine Interferenz, sondern nur eine mittlere Helligkeit wahrnimmt.

2. Weißes Licht

In der Normalstellung bleibt die Platte dunkel. In der Diagonalstellung werden diejenigen Farben ganz ausgelöscht, bei denen der Gangunterschied $O, \lambda, 2\lambda \ldots$ ist, während die voll erhalten bleiben, wo er $\frac{\lambda}{2}, 3\frac{\lambda}{2} \ldots$ beträgt. Genau umgekehrt wie bei parallelen Nicols; denn dort wurden gerade die mit $\frac{\lambda}{2}, 3\frac{\lambda}{2} \ldots$ ausgelöscht und die mit $O, \lambda, 2\lambda \ldots$ am meisten begünstigt. Dementsprechend ist die jetzt entstehende Mischfärbung komplementär zu der vorhin beobachteten; bei der Drehung wird das Plättchen zwischen Schwarz und einer (komplementären) Mischfärbung wechseln, die in den Diagonalstellungen am intensivsten ist. Der Keil zeigt schwarz und eine zur vorhin beobachteten komplementäre Farbenskala.

Beide Fälle (Nicols parallel und senkrecht) lassen sich gleichzeitig beobachten, wenn man den Analysator durch ein doppelbrechendes Prisma ersetzt, dessen Schwingungsrichtungen man parallel und senkrecht zu denen des Polarisators einstellt.

Bei zweiachsigen Kristallen kommen wenig neue Gesichtspunkte hinzu. Denn auch hier wird die einfallende Schwingung in zwei zerlegt, die senkrecht zueinander verlaufen und schließlich nach den angegebenen Regeln interferieren. Die Ähnlichkeit geht so weit, daß die meisten der beschriebenen Erscheinungen an zweiachsigen Kristallen vorgeführt werden, nämlich an Gips und Glimmer, die dazu geeignet sind, weil sie sich wegen ihrer natürlichen Spaltbarkeit leicht in dünne Plättchen zerlegen lassen.

Wir kennen den monosymmetrischen Gips (Fig. 2) aus Nr. 2 des § 2 und wissen, daß seine einzige Symmetrieebene parallel der Fläche *b* liegt. Erfahrungsgemäß fallen in diese Ebene seine optischen Achsen *Bn* und *B'n*, und da er auch nach dieser Ebene vollkommen spaltbar ist, liefert er Spaltungsplättchen mit den Achsen in der Oberfläche (Fig. 77). Senkrecht hindurchgehende Wellen schwingen nach den Richtungen *I* und *II*, den Halbierenden des Achsenwinkels und seines Außenwinkels (s. S. 52). Sie erhalten den größtmöglichen Gangunterschied im Kristall; denn man erinnere sich an die Normalenfläche (Fig. 65 in § 12): zu dieser Fortpflanzungsrichtung gehören die denkbar verschiedensten Normalengeschwindigkeiten *a* und *c*. Der Fall ist also ganz ähnlich dem einer ein-

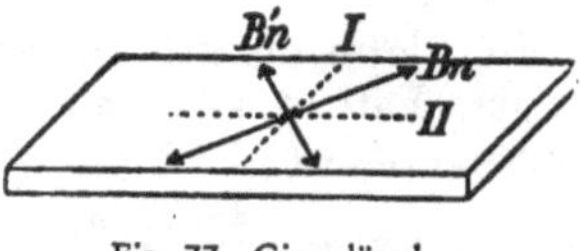

Fig. 77. Gipsplättchen

achsigen achsenparallelen Platte. Jedoch gilt die Achsenlage der Fig. 77 streng nur für eine bestimmte Farbe; für eine andere liegen die Achsen wie die Schwingungsrichtungen etwas anders. Infolgedessen ist die Normalstellung des Plättchens für jede Farbe eine andere, und es läßt sich im weißen Licht zwischen gekreuzten Nicols nie eine Stellung finden, in der das Gesichtsfeld dunkel bleibt. Das gehört zu den Komplikationen bei Zweiachsigen, die genau genommen nur in besonderen Symmetriefällen fehlen und bei starker Dispersion oft deutlich hervortreten.

Der G l i m m e r ist gleichfalls monosymmetrisch. Bei der in der Fig. 78 dargestellten Form liegt *b* parallel der Symmetrieebene; vollkommene Spaltbarkeit existiert nach der Fläche *d*, was in der Figur horizontale Plättchen ergäbe. Die erste Mittellinie steht nahezu senkrecht auf der Spaltungsfläche; die Ebene der optischen Achsen liegt bei einigen Varietäten senkrecht zur Symmetrieebene (Glimmer erster Art), bei anderen parallel dazu (Glimmer zweiter Art). Fig. 79 führt die optischen Verhältnisse in einem Spaltungsplättchen vor Augen (von Glimmer 1. Art, wenn wir die Orientierung von Fig. 78 beibehalten): die erste Mittellinie, annähernd senkrecht auf der Fläche *d*, die optischen Achsen *Bn* und *B′n*, die optischen Symmetrieachsen *a*, *b*, *c* und die Schwingungsrichtungen *I* und *II* der beiden Wellen, die die Platte senkrecht durchsetzt haben (s. S. 52).

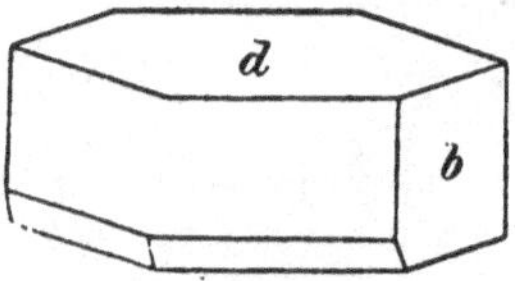

Fig. 78. Glimmer

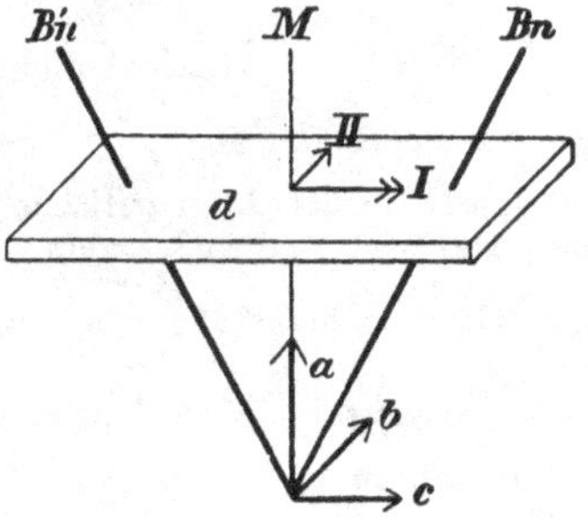

Fig. 79. Glimmerplättchen

§ 15. Gangunterschied und Interferenzfarben

Die beiden interferierenden Wellen bekommen in der Platte einen Gangunterschied von

$$(1) \qquad \Delta = \frac{d}{\lambda}\,(n_2 - n_1)$$

Wellenlängen, wenn d die Dicke der Platte ist, λ die Wellenlänge des auffallenden Lichtes und n_1 und n_2 die Brechungsquotienten der beiden Wellen.

Die schnellere Welle braucht nämlich zum Durchlaufen der Platte die Zeit $= \frac{\text{Weg}}{\text{Geschwindigkeit}} = \frac{d}{C/n_1}$, die langsamere $\frac{d}{C/n_2}$. Sie kommt um $\frac{d}{C/n_2} - \frac{d}{C/n_1} = \frac{d}{C}\,(n_2 - n_1)$ Sekunden später an der Austrittsfläche an, und in dieser Zeit ist ihr die erste Welle im Außenraum schon um die Strecke (= Zeit mal Geschwindigkeit $\frac{d}{C}\,(n_2 - n_1) \cdot C = d\,(n_2 - n_1)$ davongelaufen, das ist in Wellenlängen gemessen $\frac{d}{\lambda}\,(n_2 - n_1)$, wie in (1) angegeben.

Der Gangunterschied ist also um so größer, je kleiner die Wellenlänge des angewandten Lichts und je größer die Dicke ist und die Differenz der Brechungsquotienten. Die letztere ist bei einem gegebenen Kristall am größten in den betrachteten Fällen, daß die Durchstrahlungsrichtung senkrecht zur Achse oder zur Binormalenebene ist. Wäre die Platte so geschnitten, daß die Achse geneigt zur Oberfläche läge, so müßte sie dicker sein, um den gleichen Gangunterschied hervorzubringen; läge die Achse senkrecht zur Oberfläche, so träte auch bei noch so großer Dicke kein Gangunterschied ein. Beim Kalkspat ist die Differenz der Brechungsquotienten senkrecht zur Achse so groß, daß die Platte sehr dünn sein muß — so dünn, wie man es technisch kaum erreichen kann —, um nicht einen allzu großen Gangunterschied hervorzubringen. Und allzu groß darf der Gangunterschied nicht sein, höchstens etwa 8 Wellenlängen, damit die Farbenerscheinungen gut hervortreten. Woran liegt das?

Vergleichen wir drei verschieden dicke Plättchen, z. B. aus Quarz, in der Diagonalstellung zwischen gekreuzten Nicols, ein ganz dünnes, eins von 0,065 mm und eins von 1 mm Dicke! Bei dem dünnsten Plättchen kommt überhaupt kein merklicher Gangunterschied zustande. Keine Farbe des Spektrums wird ganz ausgelöscht, wozu ein Gangunterschied von λ nötig wäre (vgl. S. 75); jede wird nur geschwächt. Das Plättchen erscheint matt eisen- oder lavendelgrau.

Bei der 0,065 mm dicken Platte ist der Gangunterschied gleich 1 Wellenlänge für $\lambda = 589\ m\mu$, für *D*-Licht. Dieses wird also völlig ausgelöscht; die übrigen Farben ergeben ein prächtiges Indigo als Mischfarbe, das ein Spektrum mit einem dunklen Streifen bei 589 $m\mu$ liefert.

Bei dem 1 mm dicken Plättchen beträgt der Gangunterschied 23 Wellenlängen für $\lambda = 413\ m\mu$, 22 Wellenlängen für 429 $m\mu$, 21 Wellenlängen für 447 $m\mu$, 20 Wellenlängen für 467 $m\mu$ usw. Da alle diese Wellenlängen ausgelöscht werden, zeigt das austretende Licht spektral zerlegt eine Reihe dunkler Streifen im Spektrum, in unserem Falle zwölf zwischen 400 und 768 $m\mu$, und erfahrungsgemäß wird das unzerlegte Licht dann vom Auge als weiß empfunden, als sogen. „Weiß höherer Ordnung", wenn über das Spektrum verteilt neun oder mehr dunkle Streifen auftreten. Dies ist der Grund, warum im allgemeinen nur dünne Platten Färbungen zeigen.

Was in der Diagonalstellung zwischen gekreuzten Nicols geschieht, wenn man die Dicke der Platte von Null anfangend zunehmen läßt, macht man sich an einer einfachen Zeichnung klar. Dunkelheit herrscht nach (1), wenn $\frac{d}{\lambda}(n_2 - n_1)$ gleich einer ganzen Zahl m ist,

$$\frac{d}{\lambda}(n_2 - n_1) = m,$$

d. h. bei Quarz oder Gips, wo $n_2 - n_1$ im Sichtbaren abgerundet $\frac{1}{100}$ beträgt (im obigen Beispiel ist mit einem genaueren Werte gerechnet worden), wenn

$$d = m \cdot 100\,\lambda$$

oder bei Angabe des d in mm und des λ in μ, wenn

$$d_{mm} = m \cdot 0{,}1 \cdot \lambda_{\mu}$$

ist. Das sind in einem d-λ-Schaubild (Fig. 80) Gerade, die alle beim Nullpunkt anfangen und die bei $\lambda = 1\,\mu$ für die Parameterwerte $m = 1$ (erster dunkler Streifen), $m = 2$ (zweiter dunkler Streifen) ... die Ordinaten 0,1, 0,2 ... erreichen. Jede Gerade gibt für einen der Streifen den Zusammenhang von spektraler Lage und Plattendicke.

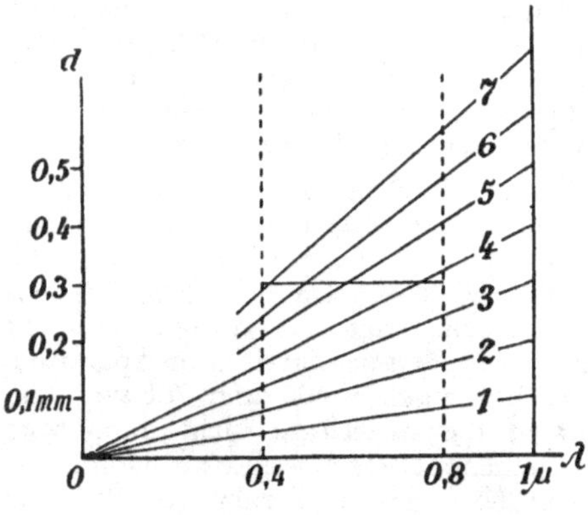

Fig. 80. Dunkle Streifen im Spektrum

Alle Streifen liegen bei ganz kleinen Dicken weit im Ultraviolett, bei kleinen Wellenlängen, und rücken bei steigender Dicke nach größeren. Der erste kommt bei $d = 0{,}04$ mm ins Sichtbare ($\lambda = 0{,}4$ bis $0{,}8\,\mu$; in der Figur durch punktierte Linien herausgehoben), marschiert mit wachsendem d durchs Spektrum und verläßt es im Rot bei einer Plattendicke von 0,08 mm. Bei dieser Plattendicke ist aber der zweite Streifen ($m = 2$) gerade an der violetten Grenze des Sichtbaren angekommen ($d_{mm} = 2 \cdot 0{,}1 \cdot 0{,}4 = 0{,}08$) und rückt nun seinerseits bei steigendem d gegen das Rot vor. Aber er marschiert langsamer als der erste, denn nach der Figur braucht man eine größere Dickenänderung, um ihn durchs Spektrum zu bringen als beim ersten. Bei gleichmäßiger Dickenänderung benötigt er also längere Zeit zum Durchwandern. Und so fort: immer rücken neue Streifen herein, ehe die allzu langsamen vorherigen hinaus sind, so daß die sichtbare Streifenzahl mit der Dicke wächst. Z. B. lehrt die Figur, daß bei $d = 0{,}3$ mm bereits vier Streifen im sichtbaren Spektrum liegen, der 4., 5., 6. und 7.

Männer betreten eine Galerie, am Anfang jeder Minute einer. Der erste durchschreitet sie in einer, der zweite in zwei, der dritte in drei Minuten usw. Wieviel Männer sind jeweils in der Galerie? Man spiele es mit Halmasteinen durch!

Man führt die Streifenwanderung objektiv vor, indem man den Kristallkeil Fig. 73 im weißen Licht in der Diagonalstellung zwischen gekreuzten Nicols an einer spaltförmigen Öffnung vorbeizieht und das austretende farbige Licht spektral zerlegt.

Unzerlegt zeigt dieses Licht bei steigender Plattendicke zwischen gekreuzten Nicols nacheinander Farbtönungen, die man nach Ähnlichkeiten in der Farbfolge in „Ordnungen“ einzuteilen pflegt:

1. Ordnung. Schwarz. Grau. Weiß. Gelb. Orange. Rot.
2. „ Purpur. Blau. Grün. Orange. Rot. Dunkelviolettrot.
3. „ Bläulichviolett. Grünblau. Grün. Grüngelb. Mattrot. Grauviolett.
4. „ Graublau. Grünblau. Hellgrün. Fleischrot.
5. „ Matt blaugrün. Matt fleischrot.

In den höheren Ordnungen kehren die mattgrünen und mattroten Töne wieder, um schließlich in das Weiß höherer Ordnung überzugehen. Alle Farben lassen sich über diese rein qualitativen Bezeichnungen hinaus nach zwischenstaatlich vereinbarten Verfahren mit aller wünschenswerten Schärfe quantitativ in Farbton, Sättigung und Helligkeit festlegen und etwa als Kurvenzug in ein Farbendreieck einzeichnen. Die Abgrenzung der Ordnungen vollzieht man dann zweckmäßigerweise so, daß man eine jede mit dem Farbton des roten Spektralendes beginnen und enden läßt. Nur die erste beginnt mit dem genannten lichtschwachen „Eisen- oder Lavendelgrau" des Farbtons 480 $m\mu$. An dem Kristallkeil Fig. 73 kann man die ganze Farbenskala nebeneinander beobachten. An manchen Stellen ändern sich die Farben besonders rasch mit dem Gangunterschied; man spricht dann von „empfindlichen Farben". Wohl am schönsten wirken die Farben der 2. Ordnung. Beliebt sind auch die farbenfreudigen Zusammenstellungen verschieden dicker Plättchen zu Treppen, Blumen, Landschaften usw.

Die überhaupt möglichen Farbentöne stimmen annähernd mit denen der Newtonschen Interferenzfarben in einem Luftkeil überein, bei gekreuzten Nicols mit denen im senkrecht reflektierten, bei parallelen Nicols mit denen im senkrecht durchgehenden Lichte. Der Gangunterschied in einer planparallelen Luftplatte d^* ist im durchgehenden Lichte $\frac{2d^*}{\lambda}$. Eine Kristallplatte hat nach (1) den gleichen Gangunterschied, wenn

$$\frac{2d^*}{\lambda} = \frac{d}{\lambda}(n_2—n_1)$$

ist oder

$$d = \frac{2d^*}{n_2—n_1},$$ d. h. bei Quarz oder

Gips mit ihrem $n_2—n_1 = \frac{1}{100}$ im Sichtbaren, wenn sie rund 200mal so dick ist wie die Luftplatte. Bei eigentümlicher Abhängigkeit des $n_2—n_1$ von λ, beispielsweise bei Apophylliten, kommen völlig abweichende Farbfolgen vor, eine interessante Frage der Farbenlehre.

Untersuchen wir nicht eine einzelne Platte, sondern eine Überlagerung mehrerer, so ergeben sich keine neuen Schwierigkeiten, solange die Schwingungsrichtungen in den einzelnen übereinstimmen. Legen wir zwei

Platten aus gleicher Substanz derart übereinander, daß die Schwingungsrichtungen der schnelleren Wellen parallel liegen, so wirken sie wie eine Platte von der Summe ihrer Dicken; sie wirken wie eine von der Differenz ihrer Dicken, wenn sie „gekreuzt" liegen, d.h. wenn die Schwingungsrichtung der schnelleren Welle in der einen Platte übereinstimmt mit der Schwingungsrichtung der langsameren in der anderen. Denn hier macht die eine Platte den Gangunterschied zum Teil rückgängig (oder wenn beide gleich dick sind, ganz rückgängig), den die andere hervorgerufen hat.

Man kann diese Erscheinung benutzen, um die Farbenordnung eines Kristallplättchens zu bestimmen. Man überlagert es hierzu in der Diagonalstellung zwischen gekreuzten Nicols so mit dem Kristallkeil Fig. 73, daß sich die entsprechenden Schwingungsrichtungen in Platte und Keil kreuzen. An der Stelle, wo der Keil dieselbe Dicke hat wie die Platte, wird dann ein schwarzer Streifen auftreten; denn hier kompensieren sich Plättchen- und Keilwirkung, und es tritt kein Gangunterschied ein. An der Stelle muß der Keil nach Entfernung des Plättchens dieselbe Färbung zeigen wie dieses allein, und es ist dann ein leichtes, die Ordnung festzustellen, zu der diese Färbung gehört.

Will man bestimmen, ob ein Kristall positiv oder negativ ist, so kombiniert man ihn mit einer Platte von bekannter Doppelbrechung und wählt dazu oft ein „$\frac{\lambda}{4}$ - oder Viertelwellenplättchen", meist aus Glimmer, d. i. eine Kristallplatte (s. S. 21), die den beiden Wellen einen Gangunterschied von einer Viertelwellenlänge erteilt, was genau genommen natürlich nur für eine Farbe gilt, etwa für das Gelb in der Mitte des Spektrums.

Das $\frac{\lambda}{4}$ - Plättchen sei in einer Fassung befestigt, auf der die Schwingungsrichtung der langsameren Welle durch einen Pfeil markiert sei (in Fig. 79 ist es die Richtung I). Die unbekannte Platte bringen wir etwa in der Diagonalstellung zwischen gekreuzte Nicols, wobei wir eine gewisse Interferenzfarbe beobachten, und das $\frac{\lambda}{4}$ - Plättchen legen wir so darauf, daß die Pfeilrichtung mit der einen Schwingungsrichtung S_1 der Platte koinzidiert. Wird dadurch die Ordnung der Interferenzfarbe erhöht, so wirken beide Platten im gleichen Sinne: S_1 ist also (wie die Pfeilrichtung) die Schwingungsrichtung der langsameren Welle, und umgekehrt. Um über positiv oder negativ zu entscheiden, muß man dann noch die Achsenlage in der Platte kennen.

Ist die zu untersuchende Platte so dick oder so stark doppelbrechend, daß sie das Weiß höherer Ordnung zeigt, so genügt die Änderung um $\frac{\lambda}{4}$ nicht zur Hervorbringung einer Interferenzfarbe. Man ersetzt dann das $\frac{\lambda}{4}$ - Plättchen durch den mehrfach erwähnten Kristallkeil von bekannter Lage der Schwingungsrichtungen. Erscheint das Gesichtsfeld weiter im Weiß höherer Ordnung, so stimmen die Schwingungsrichtungen der schnelleren Wellen in Platte und Keil überein; im anderen Falle treten lebhafte Interferenzfarben in der Nachbarschaft derjenigen Stelle des Keils auf, wo er den Gangunterschied in der Platte gerade kompensiert.

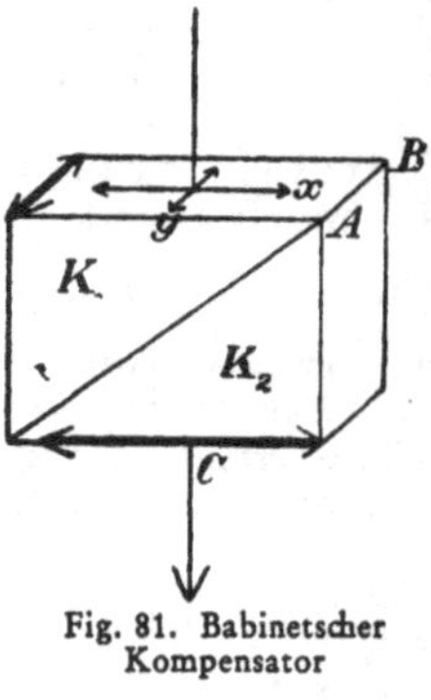

Fig. 81. Babinetscher Kompensator

Zur genauen Messung des Gangunterschiedes wird meist der Babinetsche Kompensator benutzt (1849; Fig. 81), eine Zusammenstellung zweier Quarzkeile K_1 und K_2 zu einer planparallelen Platte. Die Lage der Kristallachsen in den Keilen — im ersten parallel zur Keilkante AB, im zweiten senkrecht dazu — ist in der Figur angedeutet, ebenso die möglichen Schwingungsrichtungen x und y. Die senkrecht zur Achse schwingende ordentliche Welle ist beim Quarz als positivem Kristall die schnellere. In K_1 eilt also die nach x schwingende Welle der nach y schwingenden voraus, in K_2 bleibt sie hinter ihr zurück, d. h. die Keile wirken in entgegengesetztem Sinne, und die in der Figur eingezeichnete Mittelrichtung, deren Weg in K_1 ebenso lang ist wie in K_2, wird gar keinen Gangunterschied aufweisen. Nach rechts und links nimmt der Gangunterschied seinem absoluten Wert nach stetig zu.

Bringen wir den Kompensator bei einfarbigem Licht in der Diagonalstellung zwischen gekreuzte Nicols, so treten an denjenigen Stellen dunkle Streifen auf, wo der Gangunterschied O, λ... beträgt. Ich fasse die Stelle C ins Auge, wo der dem Gangunterschied O entsprechende dunkle Streifen liegt und verschiebe den Keil K_2 mikrometrisch in der Richtung x um eine an einer Trommel ablesbare Strecke. Dadurch wandern die Streifen mit, und wenn ich K_2 um N Trommelteile verschoben habe, wird der nächste dunkle Streifen, der dem Gangunterschied λ entspricht, an die Stelle C gerückt sein: N Skalenteile entsprechen also einem Gangunterschied λ.

Habe ich auf diese Weise den Kompensator geeicht, so kann ich den Gangunterschied in einer Kristallplatte bestimmen: ich lege die Platte so auf den Kompensator, daß die Schwingungsrichtungen in beiden übereinstimmen. Dadurch rückt der dem Gangunterschied O entsprechende Streifen von C fort, und ich muß K_2 beispielsweise um N_1 Skalenteile verschieben, um ihn wieder nach C zurückzubringen. Nun habe ich den Ansatz:

N Skalenteile entsprechen dem Gangunterschied λ,
N_1 „ „ „ „ Δ,

woraus das gesuchte

$$\Delta = \lambda \frac{N_1}{N}$$

folgt.

Der Kompensator von Soleil-Babinet („Babinetscher Kompensator mit Kompensationsplatte") besteht aus 2 Quarzkeilen, die beide die Achsenlage von K_1 (Fig. 81) haben, und einer Quarzplatte der Achsenlage von K_2. Hier erhält das ganze Gesichtsfeld den gleichen, durch Keilverschiebung meßbar veränderlichen Gangunterschied.

§ 16. Einachsige Kristalle im konvergenten polarisierten Lichte

Im parallelen Lichte konnten wir nur den in einer bestimmten Richtung erreichten Gangunterschied beobachten und hätten die Platte neigen müssen, wenn wir das Licht in einer anderen Richtung hätten hindurchschicken wollen. Wenden wir aber konvergentes Licht an (Fig. 82), so haben wir gleichzeitig Normalen, die den Kristall in den verschiedensten Richtungen durchsetzt haben.

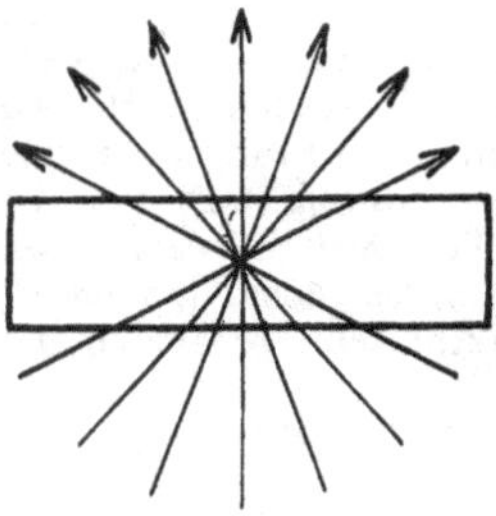

Fig. 82. Kristallplatte im konvergenten Lichte

Zum Beobachten der reizvollen Erscheinungen, die sich dann ergeben, dient das „K o n o s k o p", das sich von dem aus Fig. 68 bekannten Orthoskop im wesentlichen nur durch die Hinzufügung je eines Linsensystems kurzer Brennweite vor und hinter der Kristallplatte unterscheidet. Das erste läßt das parallele Licht nach einem Punkte im Platteninnern konvergieren, das zweite macht das aus der Platte austretende divergente Licht wieder parallel. Nur die Mitte des Gesichtsfelds entspricht jetzt Normalen, die die Platte senkrecht zur Oberfläche durchsetzt haben, alle anderen Punkte geneigten Normalenrichtungen.

Wir gehen von einem speziellen Fall aus: wir stellen im homogenen Lichte die beiden Nicols gekreuzt und untersuchen eine s e n k r e c h t zur Achse geschliffene Platte eines einachsigen Kristalls. (Im parallelen Lichte begannen wir mit einer p a r a l l e l zur Achse geschnittenen.) Ein Blick ins Konoskop zeigt dann eine Erscheinung, wie sie in Fig. 83 dargestellt ist: eine Reihe konzentrischer Ringe, die von einem schwarzen Kreuz durchschnitten sind, dessen Arme parallel und senkrecht zur Polarisatorschwingung liegen[1]). Eine Drehung der Platte ändert nichts, da alle Richtungen, die den gleichen Winkel mit der Achse bilden, gleichwertig sind. Ringe und Kreuz sollen gesondert betrachtet werden.

1. Die Ringe. In der Mitte des Gesichtsfeldes treten die Normalen aus, die die Platte in Richtung der Achse wie ein isotropes Medium durchsetzt haben; hier herrscht daher bei gekreuzten Nicols Dunkelheit. Dagegen wird eine schräg zur Achse einfallende Normale in zwei gespalten. Wir vernachlässigen, daß diese beiden räum-

1) Außergewöhnlich schöne Aufnahmen zahlreicher Interferenzerscheinungen im konvergenten Lichte findet man in den Tafelwerken von H. H a u s w a l d t, „Interferenzerscheinungen im polarisierten Lichte", Magdeburg 1902 und 1904.

lich getrennt sind und verschieden lange Wege in der Platte zurücklegen; wir nehmen an, sie liefen in derselben Bahn, freilich mit verschiedener Geschwindigkeit, und fragen nach ihrem Gangunterschied. Dieser wächst mit der Neigung gegen die Achse von Null an, ist nach § 15, Gl. (1) sofort als $\frac{d}{\lambda \cos \psi}(n_2 - n_1)$ anzugeben (ψ Brechungswinkel), weil als Weg in der Platte an Stelle

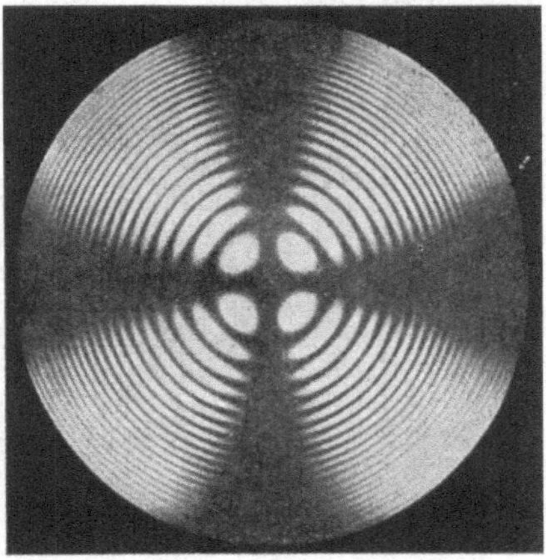

Fig. 83. Senkrecht zur Achse geschnittene Platte im konvergenten Lichte. Nicols gekreuzt

von d einfach das größere $\frac{d}{\cos \psi}$ tritt, und hat bei einem gewissen Neigungswinkel den Wert $\frac{\gamma}{2}$ angenommen. Da Wellen vom Gangunterschied $\frac{\lambda}{2}$ (vgl. S. 75) bei gekreuzten Nicols in den Diagonalstellungen Helligkeit ergeben, wird der Kreis im Gesichtsfelde, der diesem Neigungswinkel entspricht, teilweise hell erscheinen: der erste helle Ring um das dunkle Zentrum. Gehen wir zu noch geneigteren Richtungen über, so wächst der Gangunterschied bis zum Werte λ. Wellen dieser Richtung ergeben bei gekreuzten Nicols Dunkelheit: auf den ersten teilweise hellen Ring folgt also ein ganz dunkler. Und so fort: alle Richtungen, wo der Gangunterschied $O, \lambda, 2\lambda \ldots$ beträgt, ergeben dunkle Ringe, die dazwischenliegenden mit dem Gangunterschied $\frac{\lambda}{2}, 3\frac{\lambda}{2} \ldots$ Ringe, die zum Teil hell sind.

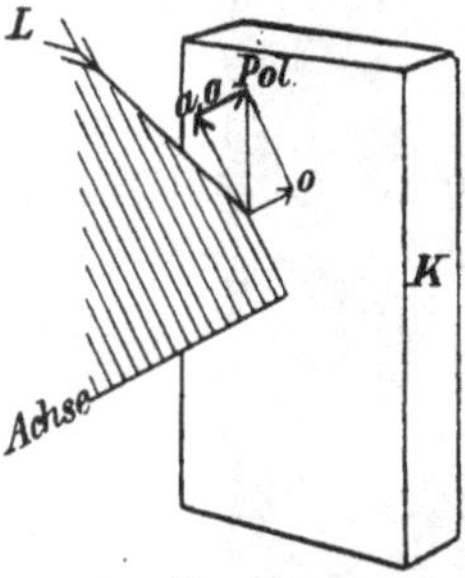

Fig. 84

2. Das Entstehen des **schwarzen Kreuzes** machen wir uns an den Fig. 84 ff. klar. *K* ist die Kristallplatte, die Schwingungsrichtung des Polarisators soll vertikal, die des Analysators horizontal liegen. Im allgemeinen wird die vertikale Schwingung der einfallenden Welle *L* (Fig. 84) in zwei zerlegt: in die a.o., die in dem schraffierten Hauptschnitt von *L* liegt, und in die dazu senkrechte ordentliche. Für alle Strahlen, die den Kristall in der Vertikalen *AB* treffen (Fig. 85), ist die Vertikalebene der Hauptschnitt. Das einfallende vertikal schwingende Licht geht also ohne Doppelbrechung als außerordentliches hindurch und wird von dem horizontal gestellten Analysator ausgelöscht. So erklärt sich der dunkle Kreuzarm, der parallel der Polarisatorschwingung liegt. Für die längs der Horizontalen *A' B'* einfallenden Strahlen dagegen (Fig. 86) ist die Horizontalebene der Hauptschnitt. Das ankommende, senkrecht dazu schwingende Licht geht mithin ungehindert als ordentliches hindurch und wird von dem senkrecht dazu stehenden Analysator vernichtet. So entsteht der parallel zum Analysator liegende Kreuzarm.

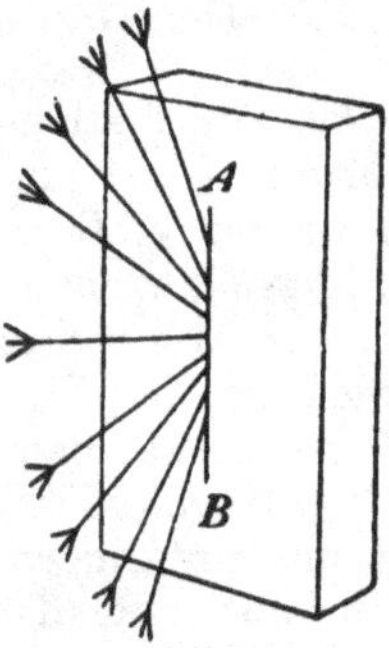

Fig. 85

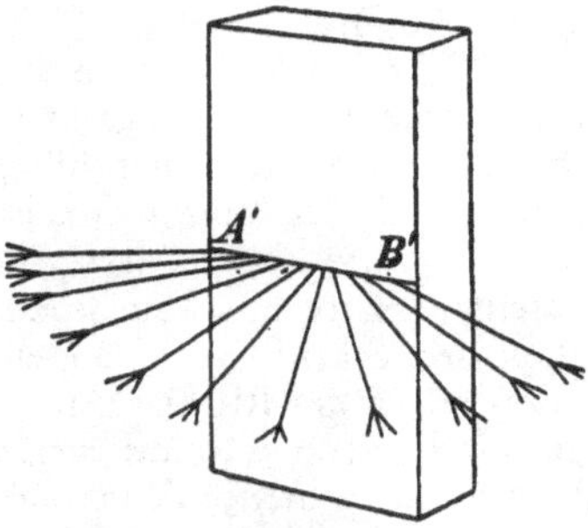

Fig. 86

Kurven, auf denen die Schwingungsrichtungen konstant sind, nennt man „Isogyren". Bei der Beobachtung treten von allen Isogyren nur die beiden „Hauptisogyren" hervor; die erste umfaßt die Kurven, wo die Schwingungsrichtung parallel oder senkrecht zum Analysator, die zweite die, wo sie parallel oder senkrecht zum Polarisator ist. Bei einachsigen, senkrecht zur Achse geschliffenen Kristallen besteht jede Hauptisogyre aus zwei Geraden, die durch die Spur der Achse gehen. Bei der ersten Hauptisogyre liegen sie senkrecht und parallel zur Analysator-, bei der zweiten senkrecht und parallel zur Polarisatorrichtung. Bei gekreuzten Nicols fallen beide Hauptisogyren zusammen und bilden das dunkle Kreuz.

Man kann die Interferenzfigur auch so charakterisieren: es wechseln Ringe, längs deren die Intensität konstant Null ist (Gangunterschied O, $\lambda \ldots$), mit solchen ab, längs deren die Intensität zwischen Null und voller Stärke wechselt (Gangunterschied $\frac{\lambda}{2}, 3\frac{\lambda}{2} \ldots$). Dies erklärt sich sofort aus unseren Beobachtungen im parallelen Lichte. Zwischen gekreuzten Nicols erschien dort eine Platte vom Gangunterschiede O, $\lambda \ldots$ in jeder Lage dunkel, eine Platte vom Gangunterschied $\frac{\lambda}{2}, 3\frac{\lambda}{2} \ldots$ dunkel in den Normalstellungen, hell in den Diagonalstellungen. Und die verschiedenen Punkte ein und desselben Ringes zeigen nebeneinander das, was eine Platte von entsprechender Dicke im parallelen Lichte beim Drehen nacheinander zeigt.

Die Kreuzarme bestehen unabhängig von der Plattendicke, während die Ringe in leicht angebbarer Weise von ihr abhängen: bei einer dünnen Platte ist ein größerer Zuwachs des Neigungswinkels nötig, um den Gangunterschied um λ zu vergrößern; die Ringe werden also weiter auseinanderliegen. Und ebenso ersichtlich ist der Einfluß der Stärke der Doppelbrechung: je stärker diese, desto enger die Ringe. An dem Kreuz wird auch nichts geändert, wenn wir mit weißem anstatt mit einfarbigem Lichte beleuchten; denn das Kreuz ist nur von der Schwingungsrichtung, nicht von der Wellenlänge abhängig. Aber der Ringdurchmesser ändert sich mit der Wellenlänge. Für das kurzwellige Violett ist schon bei geringerer Neigung gegen die Achse der Gangunterschied λ und damit der erste dunkle Ring erreicht als für das langwellige Rot; es sei denn (vgl. Formel (1), Seite 78), daß $n_2—n_1$ Besonderheiten hineinträgt. Jeder Farbe entspricht so ein besonderes Ringsystem um den gemeinsamen Mittelpunkt („Isochromaten" = Kurven gleicher Färbung). Im weißen Licht überlagern sich alle, und es entstehen bunte Ringe um ein schwarzes Zentrum, deren Farbenfolge oft eine Ähnlichkeit mit der der Newtonschen Ringe zeigt (vgl. S. 82), bisweilen aber auch — wenn $n_2 — n_1$ sich stark mit λ ändert — wesentlich davon abweicht.

Aus § 14 wissen wir, daß das Interferenzbild ins Komplementäre übergeht, wenn wir die Nicols parallel stellen. An Stelle des dunklen Kreuzes steht dann ein helles, an Stelle der dunklen Ringe helle und umgekehrt, an Stelle der farbigen Ringe die komplementär gefärbten. Geht man durch Drehen eines Nicols aus der Senkrecht- in die Parallelstellung über, so dreht sich erst das dunkle Kreuz blasser werdend mit, um bei 45° zu verschwinden und dann als helles wieder hervorzutreten.

Neigen wir die Platte, so wandert das durch die Achsenrichtung bestimmte Zentrum der Ringe mitsamt dem dunklen Kreuze seitwärts und verschwindet bei einer gewissen Neigung aus dem Gesichtsfelde. Die Ringe wandern mit, werden aber aus Kreisen zu Ellipsen, bei größerer Neigung zu Parabeln, schließlich zu Hyperbeln. Anstatt die Platte zu neigen, benutzt man besser Platten, die nicht senkrecht, sondern unter einem gewissen Winkel zur Achse geschnitten sind. Eine parallel zur Achse geschnittene Platte z. B. zeigt in der Diagonalstellung gleichseitige Hyperbeln.

Einen Überblick darüber, wie sich die Kurven gleichen Gangunterschieds mit der Plattenorientierung ändern, gewinnt man mit Hilfe der „Fläche gleichen Gangunterschieds". Sie entsteht, wenn man von einem Punkte O aus nach jeder Richtung diejenige Strecke abträgt, die das Licht in dieser Richtung im Kristall durchlaufen muß, damit der Gangunterschied Δ einen gegebenen Wert annimmt[1]). Für einen einachsigen Kristall ist sie eine Rotationsfläche etwa von der Form Fig. 87; die für verschiedene Δ konstruierten Flächen sind einander ähnlich, Fig. 87 gebe z. B. die für $\Delta = \lambda$ an. OA ist die Kristallachse. In dieser Richtung ist die Fläche unendlich weit von O entfernt; denn in Richtung der Achse müssen beide Strahlen einen unendlich weiten Weg zurücklegen,

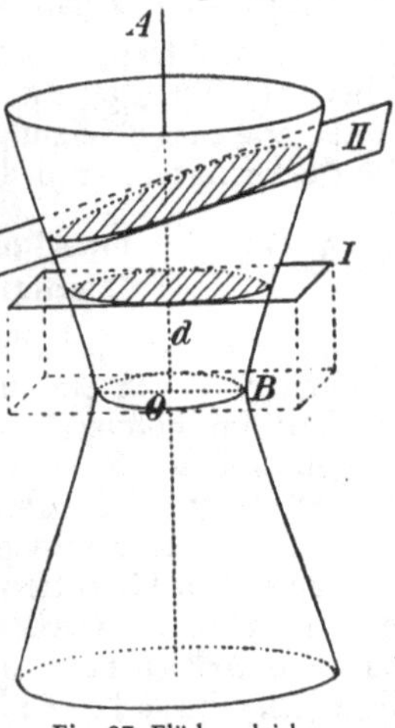

Fig. 87 Fläche gleichen Gangunterschieds von einachsigen Kristallen

1) Eine einfache mathematische Behandlung dieser Fläche, ausgehend von Gl. (1) des vorigen §, bei M. Born, Optik, Springer, Berlin 1932, S. 249 ff

um einen Gangunterschied λ zu erhalten. Senkrecht zur Achse ist der Gangunterschied λ schon nach dem Durchlaufen von OB erreicht. Hier kommt die Fläche dem Mittelpunkt am nächsten.

In diese Flächenschar lege ich die Kristallplatte, deren Kurven gleichen Gangunterschieds ich bestimmen will, gewissermaßen hinein, wie dies in der Figur punktiert angedeutet ist; d. h. ich lege durch die Flächen eine Ebene in einem Abstande von O gleich der Plattendicke d und von einer solchen Neigung, daß die Achsenrichtung in der Platte mit der Richtung OA übereinstimmt. Es läßt sich dann zeigen, daß die Kurven gleichen Gangunterschiedes, die an der Platte auftreten, unter geringen Vernachlässigungen identisch sind mit den Schnittkurven der genannten Ebene mit den Flächen. Eine Ebene I senkrecht zu OA zeigt K r e i s e wie eine senkrecht zur Achse geschliffene Platte; eine etwas gegen OA geneigte Ebene II E l l i p s e n, dieselben, wie man sie an einer unter gleicher Neigung gegen die Achse geschnittenen Platte beobachten würde, usw.

§ 17. Zweiachsige Kristalle im konvergenten polarisierten Lichte

Überwiegt im parallelen polarisierten Lichte die Ähnlichkeit zwischen ein- und zweiachsigen Kristallen (§ 14), so fällt im konvergenten der Unterschied sofort in die Augen, wie ein Blick auf das zweiachsige Interferenzbild Fig. 88 zeigt. Es rührt von einer senkrecht zur ersten Mittellinie geschnittenen Platte her, einer Platte also von der optischen Orientierung der Fig. 79, die wir im homogenen Lichte so zwischen gekreuzte Nicols gebracht haben, daß die Achsenebene parallel zur Polarisatorschwingung liegt (N o r m a l s t e l l u n g). In der Interferenzfigur ist die Spur dieser Ebene durch den horizontalen dunklen Kreuzarm gekennzeichnet, und die Spur der Achsen durch die beiden Punkte, die die Pole des Systems von l e m n i s k a t e n ä h n l i c h e n Kurven bilden (Lemniskaten sind Kurven, auf denen das Produkt der Abstände von zwei festen Punkten konstant ist). Die Lemniskaten sind die Kurven gleichen Gangunterschiedes, die bei den einachsigen Kristallen im entsprechenden Fall Kreise waren; die dunklen Kreuzarme sind Isogyren. Wie in § 16 betrachten wir beide Kurvenarten gesondert.

Die Einführung der Fläche gleichen Gangunterschieds erleichtert auch hier den Überblick.

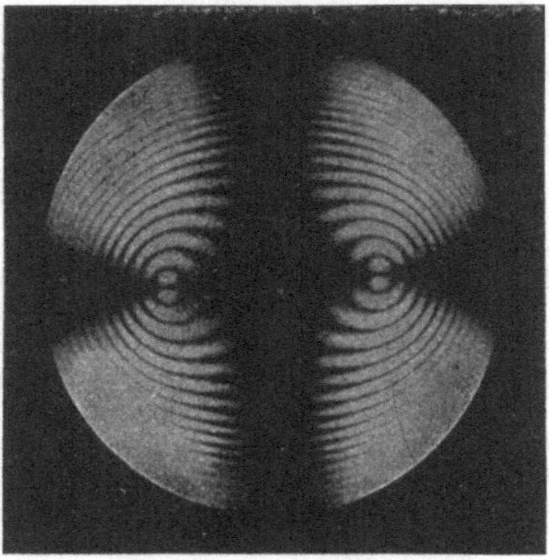

Fig. 88. Senkrecht zur ersten Mittellinie geschnittene Platte im konvergenten Licht. Nicols gekreuzt. Normalstellung

Fig. 89 gibt ein Bild von ihrer Gestalt: Die Ebene der Binormalen *Bn* und *B'n* ist in die Zeichenebene gelegt; die Schnitte mit den beiden anderen optischen Symmetrieebenen, die natürlich auch die Fläche gleichen Gangunterschieds symmetrisch teilen, sind angedeutet. Die Fläche besteht in großer Entfernung vom Mittelpunkt aus zwei Kreiszylindern mit den Binormalen als Achsen, die in der Nähe von O in der angedeuteten Weise zusammenlaufen. In der Richtung senkrecht zur Binormalenebene kommt sie O am nächsten, weil in dieser Richtung die

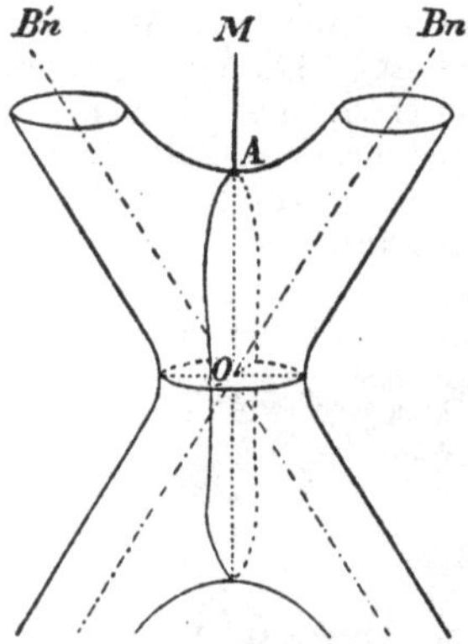

Fig. 89. Fläche gleichen Gangunterschieds von zweiachsigen Kristallen

Doppelbrechung am stärksten ist (vgl. S. 76). Die Flächen für verschiedene Körper und verschiedene Farben sind einander nicht ähnlich wie bei den Einachsigen, da ihre Gestalt von der Größe des Binormalenwinkels abhängt.

Die an einer beliebig geschnittenen Platte auftretenden K u r v e n g l e i c h e n G a n g u n t e r s c h i e d s findet man wieder angenähert (vgl. Fig. 87), wenn man die Flächen gleichen Gangunterschieds durch eine Ebene von der Orientierung der Plattenoberfläche schneidet. Man übersieht, daß sich in dem Falle, wo die Platte senkrecht zur ersten Mittellinie geschnitten war, eine geschlossene, ovale Kurve gibt, wenn der Schnitt unterhalb von *A*, aber zwei getrennte Kurven um je eine Binormalenspur, wenn er oberhalb von *A* geführt wird. Den Übergang bildet eine Kurve von der Form einer liegenden 8. Diese verschiedenen Kurvenarten findet man in dem Interferenzbilde Fig. 88 gleichzeitig vertreten, getrennte Kurven für die kleinen Gangunterschiede, eine beide Achsenspuren umschlingende für die größeren. Bei einer sehr dünnen Platte oder bei geringer Doppelbrechung kann schon die innerste Kurve beide Pole in ellipsenähnlicher Gestalt gleichzeitig umgeben.

Daß die I s o g y r e n die Gestalt eines dunklen Kreuzes haben müssen, dessen Arme der Polarisator- und Analysatorschwingung parallel liegen, läßt sich durch eine ähnliche Überlegung veranschaulichen, wie wir sie bei den Einachsigen an der Hand der Fig. 85 und 86 angestellt haben. Die Schwingungsrichtungen einer Welle z. B., die in der Spur eines Kreuzarmes bei *S* austritt (Fig. 90), halbieren nach Seite 52 die Winkel zwischen den Geraden *l* und *l'*, die *S* mit der Spur der Binormalen *Bn* und *B'n* verbinden. Das einfallende, in der Richtung der Achsenspuren schwingende Licht geht also ohne Doppelbrechung hindurch und wird vom Analysator ausgelöscht.

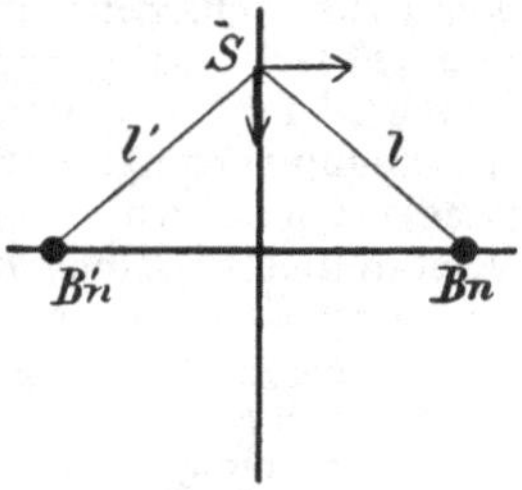

Fig. 90

Drehe ich, immer zwischen gekreuzten Nicols, die Platte in ihrer Ebene, so dreht sich die Spur der Achsen und das sie umschlingende Lemniskatensystem einfach mit. Dagegen sind die Isogyren im allgemeinen H y p e r-

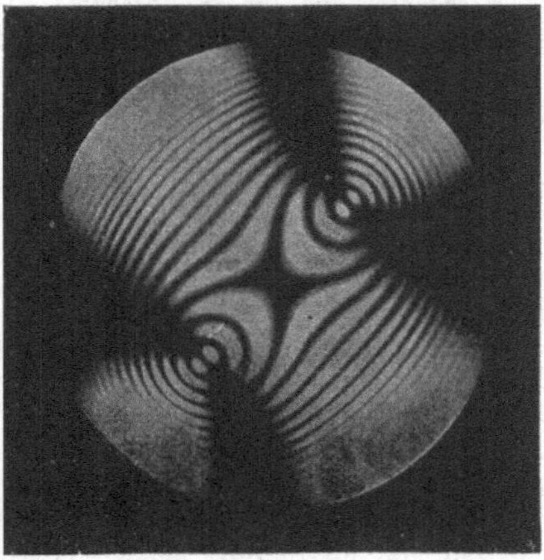

Fig. 91. Senkrecht zur ersten Mittellinie geschnittene Platte im konvergenten Licht. Nicols gekreuzt. Diagonalstellung

b e l n, deren Asymptoten mit der Polarisator- und Analysatorrichtung übereinstimmen, also waagerecht und senkrecht liegen, und deren Scheitel in die Spuren der

Binormalen fallen. Fig. 91 stellt die Erscheinung dar, wenn die Achsenebene den Winkel zwischen Analysator und Polarisator gerade halbiert (Diagonalstellung). Drehe ich weiter, bis sie mit der Analysatorschwingung koinzidiert, so degenerieren die Hyperbeln wieder zum Kreuz. Bei parallelen Nicols treten selbstverständlich dieselben Erscheinungen auf, nur daß Helligkeit und Dunkelheit vertauscht ist.

Von andern Plattenorientierungen erwähnen wir nur die senkrecht zu einer Binormalen, wie sie z. B. der Zucker infolge seiner natürlichen Spaltbarkeit liefert. Daß sie annähernd kreisförmige Kurven zeigen müssen, kann man aus der Fläche gleichen Gangunterschieds Fig. 89 entnehmen. In der Normalstellung ist das Interferenzbild nur von einer Isogyre durchzogen, die in die Spur der der Polarisatorschwingung parallelen Achsenebene fällt, sozusagen also dem horizontalen Kreuzarme von Fig. 88 angehört.

Welche Erscheinungen im weißen Licht auftreten, soll nur für den Fall der Lemniskaten angedeutet werden. Im weißen Licht überlagern sich die Lemniskatensysteme, die den einzelnen Farben angehören. Da sich die Lage der Achsen mit der Farbe ändert, entspricht jeder Farbe ein Lemniskatensystem um andere Pole, und im weißen Licht kann man Kurven von den eigentümlichsten Farben und Formen beobachten, die mit denen im monochromatischen Lichte bisweilen nicht mehr die geringste Ähnlichkeit haben. Auch die Isogyren liegen im Gegensatz zu den einachsigen Kristallen für verschiedene Farben verschieden.

Während sich bei asymmetrischen Kristallen über die gegenseitige Lage der monochromatischen Lemniskatensysteme nichts voraussagen läßt, bestehen im rhombischen und monosymmetrischen System zwischen ihnen Beziehungen (§ 10, S. 53), die der Erscheinung im weißen Lichte gewisse Symmetrien aufprägen. Aus den verschiedenen Symmetrieverhältnissen kann man das Kristallsystem, aus der Entfernung der Achsenspuren den Achsenwinkel bestimmen. Zu letzterem Zwecke sind besondere „Achsenwinkelapparate" konstruiert worden. Fig. 92 stellt einen von Wülfing angegebenen dar, den früher R. Fuess in Berlin-Steglitz anfertigte.

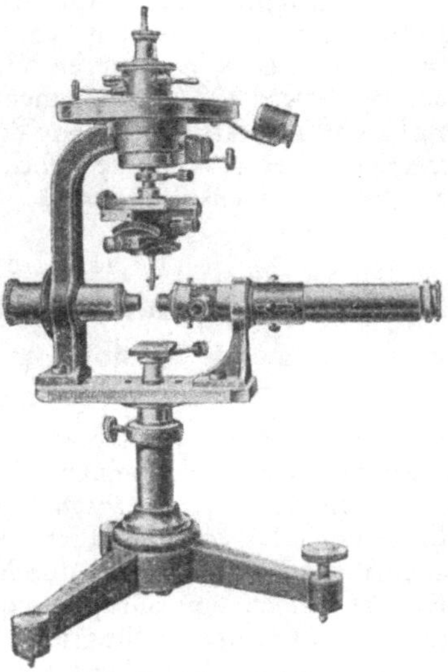

Fig. 92. Achsenwinkelapparat

Wir teilen einige Winkelwerte für *D*-Licht und Zimmertemperatur mit[1]):

Cordierit 85° 50′,
Gips (vom Montmartre) 58° 5′,
Glimmer (Muskowit) 30°—50° je nach dem Fundort,
Anhydrit (von Staßfurt) 43° 41′,
Baryt (künstlich) 37° 28′,
Aragonit 18° 11′.

Selbstverständlich hängen auch die Achsenwinkel von der Temperatur ab — siehe die Bemerkung gegen Ende von § 8, S. 36. An Gips pflegt man einen eindrucksvollen Versuch vorzuführen. Bei Zimmertemperatur liegen seine Binormalen in der kristallographischen Symmetrieebene (vgl. Fig. 77); der Binormalenwinkel nimmt mit steigender Temperatur ab, ist z. B. für *D*-Licht 50°12′ bei 42° C, 31°29′ bei 72° C, 13° 18′ bei 87° C. Erwärmen wir den Kristall auf 89,67° C, so ist er einachsig geworden; bei weiterer Erwärmung gehen die Binormalen wieder auseinander, jetzt aber in einer Ebene senkrecht zur kristallographischen Symmetrieebene. Im konvergenten Lichte beobachtet man demnach an einer senkrecht zur

[1]) Tabellen im Landolt-Börnstein, s. Anm. auf S. 38.

ersten Mittellinie geschnittenen Platte anfangs das bekannte Lemniskatensystem um die beiden Achsenspuren (Fig. 88). Die Achsenspuren nähern sich bei Erwärmung, um bei etwa 90° C zusammenzutreffen und sich dann senkrecht zur urspünglichen Verbindungslinie wieder zu trennen. Bei Abkühlung gehen alle Änderungen in umgekehrter Reihenfolge zurück.

III. Teil

Drehende und absorbierende Kristalle

§ 18. Drehende Kristalle im parallelen polarisierten Lichte

Eine senkrecht zur Achse geschnittene Platte eines einachsigen Kristalls erscheint nach § 14 im parallelen monochromatischen Lichte zwischen gekreuzten Nicols in jeder Lage dunkel, weil das Licht in Achsenrichtung unverändert hindurchgeht wie durch einen isotropen Körper. Es gibt jedoch eine Gruppe von Kristallen, unter denen der Quarz der wichtigste ist, die in Achsenrichtung durchstrahlt die Schwingungsrichtung des auffallenden Lichts um einen bestimmten Winkel drehen. Man nennt sie „natürlich drehende"[1]) oder „optisch aktive" Kristalle. Eine achsensenkrechte Quarzplatte hellt also zwischen gekreuzten Nicols das Gesichtsfeld auf, wie erstmalig Arago 1812 feststellte; denn das austretende Licht schwingt nicht mehr in der Polarisatorrichtung (Fig. 93), sondern unter dem Winkel a dagegen, und man muß den Analysator um den gleichen

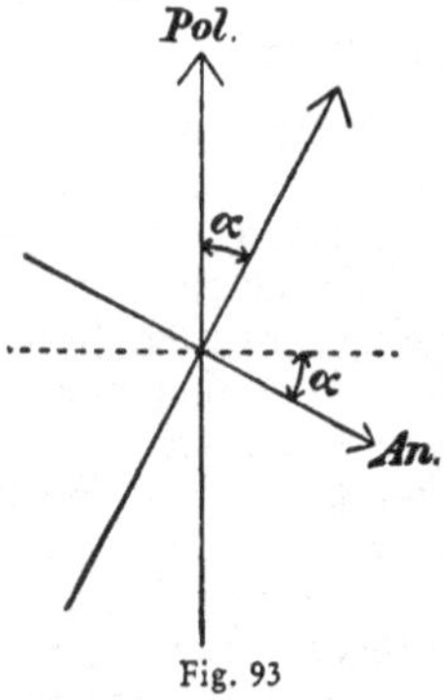

Fig. 93

1) Im Gegensatz zur „künstlichen" Drehung, wie man sie durch ein Magnetfeld erzielen kann.

Winkel α nachdrehen, damit wieder Dunkelheit eintritt. Der Drehungswinkel, der sich hiernach leicht bestimmen läßt, hängt von der Dicke der Platte und von der Farbe des angewandten Lichts ab. Er ist um so größer, je dicker die Platte und je kürzer die Wellenlänge ist. (Er ist annähernd proportional zu $\frac{d}{\lambda^2}$.) Eine Quarzplatte von 1 mm Dicke z. B. dreht das der Fraunhoferschen Linie *B* entsprechende rote Licht (687 $m\mu$) um 15,75°, das gelbe *D*-Licht (589 $m\mu$) um 21,71°, das grüne *E*-Licht (527 $m\mu$) um 27,54°, das blaue *G*-Licht (431 $m\mu$) um 42,60°, das violette *H*-Licht (397 $m\mu$) um 51,19°. Diese Zahlen gelten für jede 1 mm dicke Quarzplatte, aber die Drehung findet bei manchen Quarzen nach rechts statt, wenn man gegen den Lichtstrahl sieht, bei anderen nach links. Erstere nennt man „Rechts"-, letztere „Linksquarze", und es hängt in eindeutiger Weise von der Kristallform eines Quarzes ab (vgl. Fig. 8 und 9), ob er zur einen oder zur andern Klasse gehört.

Wende ich weißes Licht an, so findet im Quarz insofern eine Trennung der einzelnen Farben statt, als vorher die Schwingungsrichtung aller gleich der des Polarisators war, während sie nachher für jede Farbe eine andere ist; für eine 1 mm dicke Platte aus Rechtsquarz würde sich das Bild 94 für die Schwingungsrichtungen der einzelnen Farben ergeben, für eine aus Linksquarz Fig. 95. In Analogie zu der Zerlegung des weißen Lichts in einem Prisma, der Dispersion, ist diese Erscheinung, die „Rotationspolarisation", auch als „Dispersion der Polarisationsebenen" oder als „Rotationsdispersion" bezeichnet worden.

Wechselnde Farben werden sichtbar, wenn ich den Analysator drehe. Stelle ich ihn senkrecht zur Schwingungsrichtung des roten Lichts, so wird dieses vollständig, von den anderen Farben ein größerer oder geringerer Anteil ausgelöscht, und das Gesichtsfeld erscheint in einem zu dem Rot annähernd komplementären Grün. Drehe

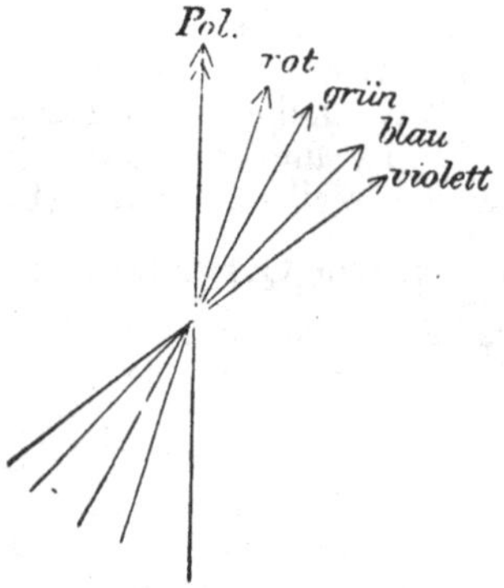

Fig. 94. Rotationsdispersion im Rechtsquarz

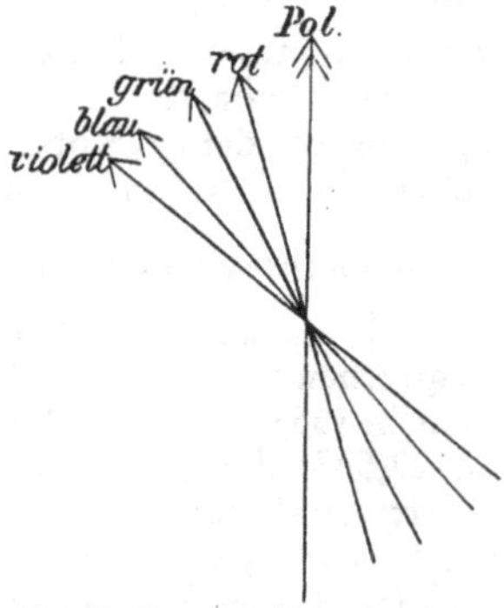

Fig. 95. Rotationsdispersion im Linksquarz

ich über einem Rechtsquarz rechts herum weiter, so kommt der Analysator senkrecht auf Gelb zu stehen und die grüne Färbung geht ins Bläuliche über; dann, wenn der Analysator senkrecht auf Grüngelb steht, aus dem Bläulichen ins Violette, weiter ins Rötliche und ins Gelbe. Kurz: drehe ich über einem Rechtsquarz den Analysator nach rechts, so treten die Farben in der üblichen spektralen Reihenfolge auf: Grün, Blau, Violett, (Purpur), Rot, Orange, Gelb, Grün... Und ebenso ergibt sich die übliche Farbenfolge, wenn ich über einem Linksquarz den oberen Nicol nach links drehe.

Ist die Quarzplatte gerade 3,75 mm dick, so wird Gelb um 90° gedreht, in einer Rechtsplatte nach rechts, in einer Linksplatte nach links, Grün entsprechend mehr, Orange weniger, wie dies Fig. 96 angibt, in der P die Schwingung des einfallenden Lichtes ist. Eine solche Platte zeigt zwischen parallelen Nicols, wo Gelb ausgelöscht wird, ein Purpurviolett, das man als „empfindliche Färbung" oder als Übergangsfarbe zu bezeichnen pflegt (s. S. 82), weil es bei einer geringen Drehung des Analysators (oder des Polarisators) in Blau oder in Rot übergeht: in Blau, wenn der Analysator senkrecht auf

Orange, in Rot, wenn er senkrecht auf Grün zu stehen kommt.

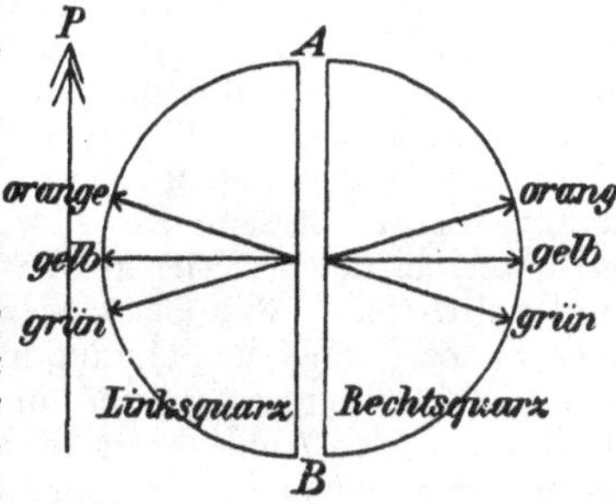

Fig. 96. Soleilsche Doppelplatte

Darauf beruht die Wirkungsweise der Soleilschen Doppelplatte. Sie entsteht, wenn man die in Fig. 96 dargestellten Platten längs *AB* aneinanderfügt, und dient zur Bestimmung kleiner Änderungen der Polarisationsrichtung. Zwischen parallelen Nicols zeigen ihre beiden Hälften das empfindliche Violett. Werden aber die Schwingungsrichtungen insgesamt ein wenig gedreht, wie dies z. B. durch Einfügen einer drehenden Kristallplatte oder Zuckerlösung hinter dem Polarisator geschehen kann[1]), so erscheint die eine Hälfte blau, die andere rot, und mit großer Genauigkeit läßt sich der Winkel bestimmen, um den ich den Analysator nachdrehen muß, damit beide Hälften wieder das gleiche Violett zeigen. Wären die Platten doppelt so dick, so würde Gelb um 180° gedreht und das empfindliche Violett träte dann zwischen gekreuzten Nicols auf.

Statt der Soleil-Platte wendet man zur Messung kleiner Drehungen wie auch sonst häufig in der Feinoptik das „Halbschattenprinzip" an: man läßt die eine Hälfte des Gesichtsfelds unverändert in der Polarisatorrichtung schwingen (Fig. 97), bedeckt aber die andere mit einer Quarzplatte Q (oder in besseren Apparaten mit einem Nicol), so, daß in ihr die Schwingungsrichtung

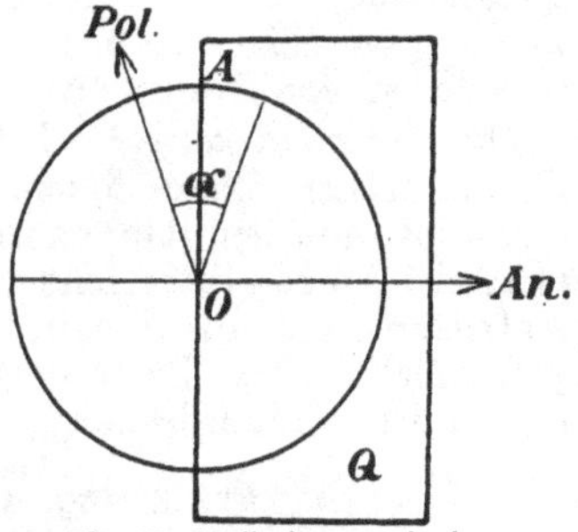

Fig. 97. Halbschattenprinzip

1) Die Zuckerlösung ist der wichtigste der nichtkristallinen drehenden Stoffe (Flüssigkeiten, Lösungen, Dämpfe).

um den kleinen Winkel a, den „Halbschatten", gegen die des Polarisators gedreht ist. Steht der Analysator senkrecht auf der Halbierungslinie OA von α, in „Halbschattenstellung", so erscheinen beide Gesichtsfeldhälften in der gleichen geringen Intensität. Die Einstellung hierauf ist sehr genau, weil das Auge für Helligkeitsunterschiede bei kleiner Gesamtintensität besonders empfindlich ist. Wie oben werden bei Einfügen z. B. einer Zuckerlösung die Schwingungsrichtungen beider Gesichtsfeldhälften gedreht, und der Drehwinkel ist durch Nachdrehen des Analysators in eine neue Halbschattenstellung sehr genau bestimmbar.

Außer dem Quarz zeigen noch viele andere einachsige Kristalle Drehung der Polarisationsebene für Strahlen, die parallel zu ihrer Achse hindurchgehen, insonderheit der gleichfalls hexagonal-tetartoedrische (bzw. „trigonale") Zinnober (vgl. Nr. 6 des § 2), bei dem die Drehung für D-Licht noch 21mal größer ist als beim Quarz. Auch bei einigen regulären Kristallen hat man optische Aktivität nachgewiesen, die hier in jeder Richtung besteht, da alle Richtungen gleichwertig sind. Daß zweiachsige Kristalle in der Binormalenrichtung gleichfalls optisch aktiv sein können, fand man zuerst am Quarz, der durch Druck zweiachsig gemacht sein Drehungsvermögen behielt, seitdem aber auch an verschiedenen von Natur aus zweiachsigen Kristallen.

Diese optisch aktiven Kristalle gehören ausnahmslos Kristallklassen ohne Symmetriezentrum und fast ausnahmslos solchen Unterabteilungen (Hemiedrien, Tetartoedrien) der betreffenden Systeme an, in denen das Auftreten von enantiomorphen Formen (vgl. Nr. 6 des § 2) möglich ist. Einer der Formen entspricht Rechts-, der anderen Linksdrehung.

§ 19. Erklärung des Drehvermögens

Die Drehung der Polarisationsebene erklären wir mit Fresnel (1825) durch die Annahme, daß ein Lichtstrahl bei den optisch drehenden Kristallen auch in Richtung der Achse doppelt gebrochen, in zwei zerlegt wird, aber nicht in zwei linear, sondern in z w e i z i r k u l a r p o l a r i s i e r t e, einen rechts- und einen linkszirkularen, die sich mit verschiedener Geschwindigkeit fortpflanzen. Es läßt sich rein geometrisch zeigen, daß diese beiden, wenn das einfallende Licht linear polarisiert war, sich wieder zu linear polarisiertem Lichte zusammen-

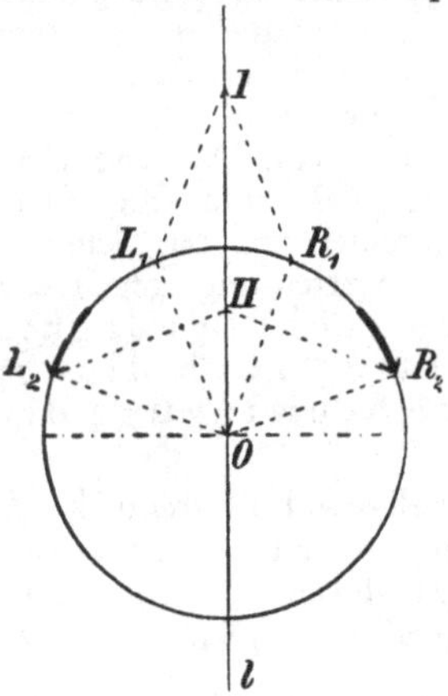

Fig. 98. Zusammensetzung gleich schneller zirkularer Schwingungen

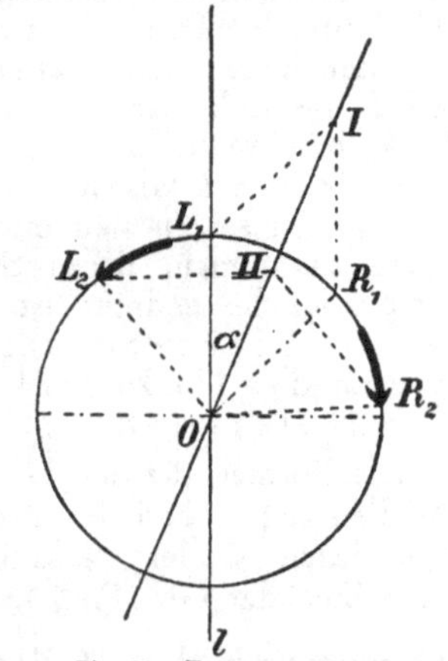

Fig. 99. Zusammensetzung verschieden schneller zirkularer Schwingungen

setzen, dessen Schwingungsrichtung gegen die ursprüngliche gedreht ist.

Zunächst erkennen wir aus Fig. 98, daß man eine lineare, längs l stattfindende Schwingung in zwei gleich schnelle, entgegengesetzt zirkulare (von halber Amplitude) zerlegen kann. OI kann man nämlich als Resultierende ansehen von OL_1 und OR_1, OII als Resultierende von OL_2 und OR_2, kurz die ganze lineare Schwingung als zerlegbar in zwei entgegengesetzt zirkulare von gleicher Geschwindigkeit. Und umgekehrt setzen sich zwei derartige zirkulare Schwingungen zu einer linearen zusammen.

Nun sei eine dieser zirkularen Schwingungen schneller als die andere. l (Fig. 99) sei die Schwingungsrichtung der ankommenden Wellen, und wir führen wieder die Zerlegung in zwei zirkulare Schwingungen aus, von denen wir die rechte als die schnellere annehmen wollen. Hat die linke Schwingung nach einer Anzahl ganzer Umläufe den Punkt L_1 erreicht, so wird die rechte etwa um den Bogen L_1R_1 weiter sein, im nächsten Zeitelement wird die linke den Bogen L_1L_2, die rechte den Bogen R_1R_2 beschreiben usw. Als Resultante von OL_1 und OR_1 ergibt sich OI, als Resultante von OL_2 und OR_2 OII; die beiden setzen sich mithin zu einer linearen Schwingung zusammen, deren Schwingungsrichtung gegen die ursprüngliche gedreht ist, nach rechts gedreht, wenn die rechtszirkulare, nach links, wenn die linkszirkulare Schwingung die schnellere ist.

Die Formel, die den Drehwinkel α mit Plattendicke d, Wellenlänge λ und den Brechzahlen n_1 und n_2 der beiden zirkularen Wellen verknüpft, ist durch einfaches Umschreiben der Gl. (1), § 15 zu gewinnen. Danach ist der Gangunterschied in Wellenlängen gemessen $\frac{d}{\lambda}(n_2 - n_1)$, mithin als Phasenunterschied gemessen $2\pi \cdot \frac{d}{\lambda}(n_2 - n_1)$; denn 1 Wellenlänge entsprach der Phasenunterschied 2π, s. S. 72, Anm. Einem bestimmten Phasenwinkel aber, z. B. $L_1 O R_1$ in Fig. 98, entspricht ein halb so großer Drehwinkel. Also gilt

$$\alpha = \pi \frac{d}{\lambda}(n_2 - n_1).$$

Obgleich sich diese beiden Wellen in ihren Brechungsquotienten nur sehr wenig voneinander unterscheiden, ist es bereits Fresnel gelungen beide zu trennen.

Man kann die Trennung schon an einem einfachen Quarzprisma nachweisen, das vom Licht in Achsenrichtung durchlaufen wird: alle Spektrallinien erscheinen dann doppelt. Um Doppelbilder zu vermeiden, setzt man nach Cornu (1879) das Prisma (Fig. 100) aus je einem rechtwinkligen aus Rechts- und Linksquarz von der angegebenen Achsenlage zusammen.

In Richtung senkrecht zur Achse wird ein Strahl in zwei linear polarisierte zerlegt, fast genau so wie in einem einachsigen Kristall ohne Drehvermögen. Der Übergang zwischen beiden Extremfällen — zwei zirkular polarisierten Strahlen einerseits, zwei linear polarisierten andererseits — wird dadurch gebildet, daß sich in den Zwischenrichtungen ein einfallender Lichtstrahl in zwei elliptisch polarisierte mit entgegengesetztem Umlaufssinn spaltet. Die beiden Schwingungsellipsen sind einander ähnlich und liegen gekreuzt, mit ihren langen Achsen in den Richtungen, nach denen das Licht linear schwänge, wenn der Quarz kein Drehvermögen hätte. Sie werden um so gestreckter, je größer die Neigung gegen die Achse wird, um allmählich in Gerade überzugehen. Für die Strahlenfläche des Quarzes folgt aus der Tatsache, daß sich auch in Richtung der Achse zwei verschieden schnelle Strahlen fortpflanzen, daß ihre beiden Schalen sich in der Achse nicht berühren können. Genaue Brechungsquotientenbestimmungen haben ergeben, daß die Kugelschale in der Nähe der Pole etwas nach außen, die Ellipsoidschale etwas nach innen gebogen ist, wie Fig. 101 dies übertrieben andeutet. Beide Strahlengeschwindigkeiten weichen also von denen ab, die wir nach der Huygensschen Kugel-Ellipsoidkonstruktion erwarten müßten, wenn auch nur wenig und nur in der

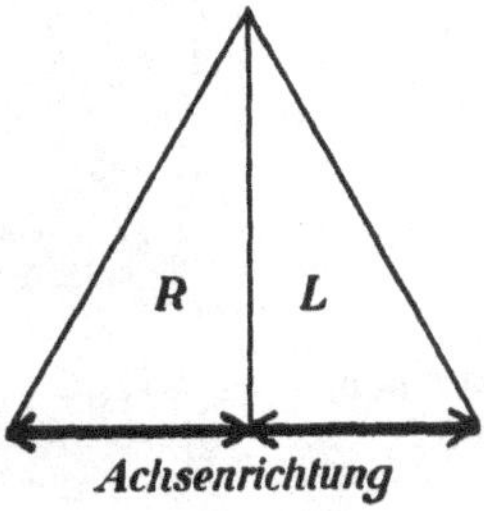

Fig. 100. Cornuprisma

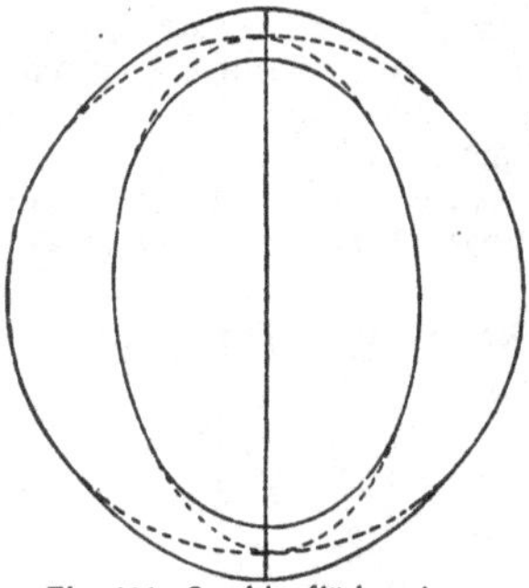

Fig. 101. Strahlenfläche eines drehenden einachsig positiven Kristalls

Nähe der Achse; insonderheit ist die Geschwindigkeit des ordentlichen Strahls nicht mehr konstant. Um einen Begriff von der Größe der Abweichung zu geben, seien einige Brechungsquotienten mitgeteilt. Nach Huygens müßte in Richtung der Achse sein

$$n_o = n_e = 1{,}5442243;$$

dagegen findet man

$$n_o = 1{,}5441884,$$

$$n_e = 1{,}5442602.$$

Die Doppelbrechung kann man sich zusammengesetzt denken aus der, die vom Drehungsvermögen herrührt, und der gewöhnlichen Doppelbrechung anisotroper Kristalle. Längs der Achse ist nur der erste Teil wirksam; vergrößert man die Neigung gegen die Achse, so tritt er mehr und mehr zurück und fällt von etwa 20° Neigung an gegen den zweiten Anteil nicht mehr merklich ins Gewicht, so daß schon bei dieser Neigung die austretenden Strahlen praktisch linear schwingen.

Bei zweiachsigen Kristallen unterscheidet sich die Strahlenfläche drehender von der nicht drehender dadurch, daß sie aus zwei ganz getrennten Schalen besteht, die sich zwar in Richtung der Biradialen am nächsten kommen, auf ihnen aber keinen Punkt mehr gemeinsam haben. Die Strahlenfläche regulärer drehender Kristalle besteht aus zwei konzentrischen Kugelschalen.

Die elektromagnetische Theorie mit ihrer in § 12 und 13 entwickelten Kontinuumsauffassung der Materie ist nicht in der Lage, die Drehung darzustellen. Sie bedarf dazu atomtheoretischer oder rein formaler Zusatzannahmen — wie auch bei der Dispersion. Dispersion und Drehung werden so zu Prüfsteinen, an denen die

Gittertheorie ihr Mehrkönnen zu beweisen hat (s. Teil IV, § 23 und 24).

§ 20. Drehende Kristalle im konvergenten polarisierten Lichte

Wenn sich der Quarz nur in der Nähe der Achse anders verhält als ein einachsiger nicht drehender Kristall, darf sich das Interferenzbild, das eine senkrecht zur

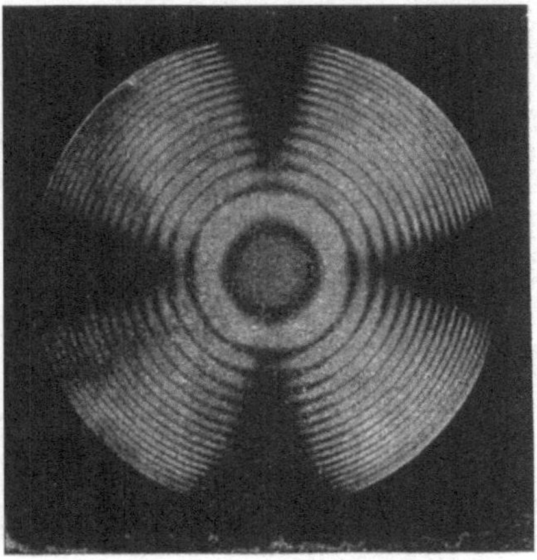

Fig. 102. Quarzplatte im konvergenten polarisierten Lichte

Achse geschnittene Quarzplatte im konvergenten polarisierten Lichte zeigt, auch nur in der Nähe der Achse, im Mittelpunkt des Gesichtsfelds, von dem in § 16 behandelten unterscheiden. Daß es in der Tat so ist, zeigt ein Vergleich der Interferenzfigur 102, wie sie eine Quarzplatte zwischen gekreuzten Nicols liefert, mit der entsprechenden eines gewöhnlichen einachsigen Kristalls (Fig. 83). Der wesentliche Unterschied ist der, daß die Kreuzarme nicht mehr bis zum Mittelpunkte reichen; die Mitte erscheint hell, im weißen Licht in der Färbung, die

die Platte im parallelen Licht ergäbe. Die Färbung wechselt, wie im § 18 ausgeführt worden ist. Daß hierbei auch noch andere Abweichungen von den nicht drehenden Kristallen auftreten wie die, daß die Kurven gleichen Gangunterschieds in manchen Stellungen nicht das Aussehen von Kreisen, sondern das von Quadraten mit abgerundeten Ecken haben, läßt sich nur bei mathematischer Behandlung des Problems begründen.

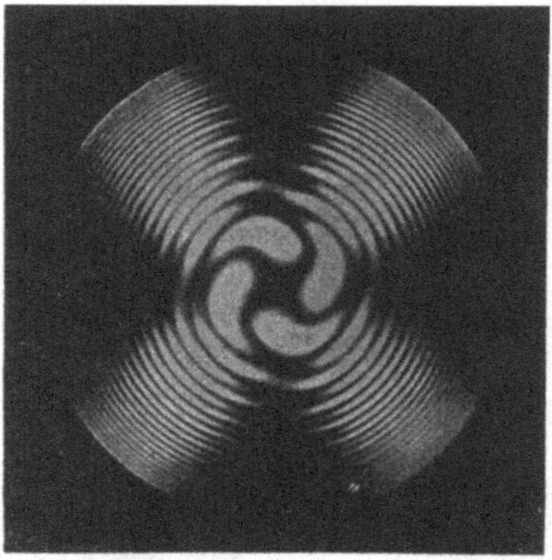

Fig. 103. Airysche Spiralen

Ohne die Mathematik in umfangreichem Maße zu Hilfe zu nehmen, lassen sich auch die Interferenzbilder nicht deuten, die wir an Plattenkombinationen erhalten. Schalten wir z. B. bei gekreuzten Nicols ein $\frac{\lambda}{4}$-Plättchen in der Diagonalstellung zwischen Polarisator und Quarzplatte ein, mit anderen Worten: lassen wir zirkular polarisiertes konvergentes Licht auffallen, so liefern, gleichviel welchen Rotationssinn das einfallende Licht hatte, Linksquarze rechtsgewundene und

Rechtsquarze linksgewundene Spiralen als Interferenzbild. Vierfache Spiralen sieht man, wenn man zwei entgegengesetzt drehende, senkrecht zur Achse geschnittene Quarzplatten übereinanderlegt, nach links gewundene (Fig. 103), wenn das Licht zuerst den Linksquarz durchsetzt, im anderen Falle rechtsgewundene. Nach ihrem Entdecker führen sie den Namen Airysche Spiralen (1831).

§ 21. Absorbierende Kristalle

Beim Durchgang durch jeden materiellen Körper wird das Licht in seiner Intensität geschwächt, es wird absorbiert. Die Absorption erstreckt sich bisweilen nur auf geringe Wellenlängengebiete, und wenn diese zudem im Ultrarot oder Ultraviolett liegen, können wir ohne weiteres nichts davon wahrnehmen. Wird dagegen ein Teil des sichtbaren Spektrums vernichtet, so zeigt der Körper in der Durchsicht eine Färbung, wie sie dem Zusammenwirken der übrigbleibenden Farben entspricht.

In isotropen Körpern und regulären Kristallen muß die Färbung die gleiche sein, in welcher Richtung das Licht auch fortschreitet. Dagegen werden wir schließen, daß sich in ein- oder zweiachsigen Kristallen verschiedene Richtungen in bezug auf die Absorption ebenso verschieden verhalten können wie in bezug auf die Fortpflanzungsgeschwindigkeit. Das bestätigt sich in der Tat. Greifen wir als Beispiel den rhombischen Cordierit (Fig. 104) heraus. Wir blicken in Richtung der Achse *a* durch ihn hindurch: er erscheint in der „Flächenfarbe“ graugrün. In Richtung der Achse *b* ist die Flächenfarbe gelb, in Richtung *c* indigoblau. Er zeigt „Trichroismus“ oder besser „Pleochroismus“; denn in einer anderen Sehrich-

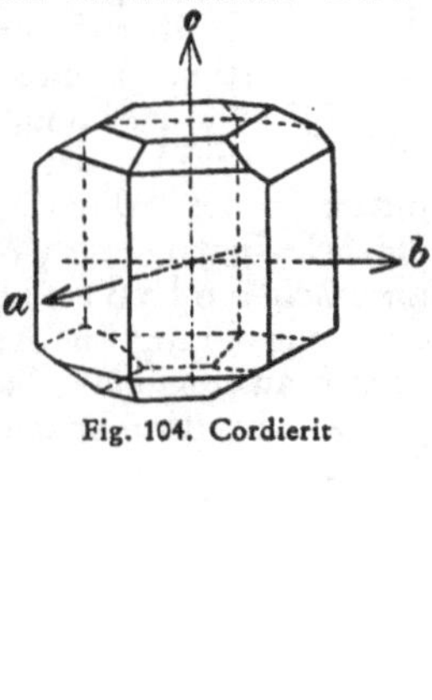

Fig. 104. Cordierit

tung ergeben sich Übergangsfarben zwischen den drei genannten Extremen, die den drei Kristallachsen angehören.

Eine weitere Erkenntnis eröffnet sich, wenn wir das in Richtung *a* austretende graugrüne Licht in seine beiden Bestandteile zerlegen, den nach *b* und den nach *c* schwingenden. Wir können das so machen, daß wir den Kristall auf das Tischchen des Orthoskops legen derart, daß das Licht in Richtung *a* durch ihn hindurchgeht, und den oberen Nicol entfernen. Stellen wir den unteren Nicol so, daß seine Schwingungsrichtung einmal mit *b*, dann mit *c* koinzidiert, so können wir nacheinander beobachten, welche Färbung das nach *b* und welche das nach *c* schwingende Licht zeigt. G l e i c h z e i t i g sehen wir beide Färbungen, wenn wir das austretende Licht mit der sogen. „H a i d i n g e r s c h e n L u p e" untersuchen. Sie besteht (Fig. 105) aus einer quadratischen Öffnung *D*, die durch eine Lupe *L* betrachtet wird, und einem zwischen Öffnung und Lupe eingefügten Kalkspatstück *K* von einer Dicke, daß die beiden Bilder der Öffnung, die es liefert, sich gerade berühren (Fig. 106).

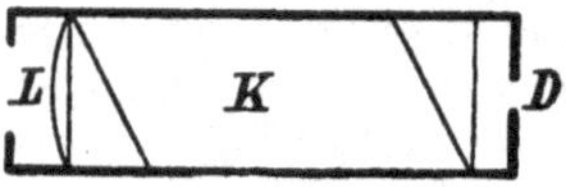

Fig. 105. Haidingersche Lupe

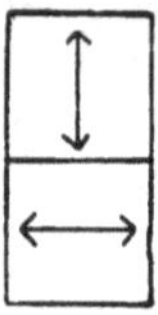
Fig. 106

Bekanntlich rühren diese beiden Bilder von senkrecht zueinander polarisiertem Lichte her. Die beiden in Fig. 106 eingezeichneten Schwingungsrichtungen lassen wir bei der Untersuchung des Cordierits mit den Richtungen *b* und *c* übereinstimmen und sehen dann das obere Quadrat in der Färbung, die der Schwingung nach *b* entspricht, der „A c h s e n f a r b e" von *b*, das untere in der Achsenfarbe von *c*, und da ergibt sich, daß die Schwingung nach *b* d u n k e l b l a u e s Licht liefert, die nach *c* b l a ß g e l b e s. Beide zusammen ergeben das erwähnte Graugrün. Analysieren wir ebenso das in Richtung *b* austretende gelbe Licht, so zeigt es sich zusammengesetzt aus dem bekannten nach *c* schwingenden blaßgelben Anteil und einem nach *a* schwingenden blau-grauen. In Richtung *c* sehen wir dann nichts Neues, sondern wieder den nach *a* schwingenden blaugrauen und den nach *b* schwingenden dunkelblauen Anteil.

In der elektromagnetischen Lichttheorie wird die Absorption durch die Erzeugung von Leitungsströmen erklärt. Das erste Tripel der Maxwellschen Gleichungen ((1) in § 12) erhält durch deren Einführung links je ein der Leitfähigkeit σ proportionales Zusatzglied. Bei isotropen Körpern oder regulären Kristallen genügt ein σ; bei den übrigen Kristallsystemen sind entsprechend den $\varepsilon_1, \varepsilon_2, \varepsilon_3$ auch drei „Hauptleitfähigkeiten" $\sigma_1, \sigma_2, \sigma_3$ einzuführen, die das Koordinatenkreuz der „Hauptleitfähigkeitsachsen" festlegen wie die ε nach § 12, Gl. (3) die Hauptdielektrizitätsachsen[1]).

In das Koordinatensystem der Hauptdielektrizitätsachsen haben wir das Indexellipsoid eingezeichnet. Es ergab zu jedem Radiusvektor eindeutig die Normalengeschwindigkeit der nach diesem Vektor schwingenden Welle (sie war gleich dem Reziproken des Vektors!). Ebenso können wir in dem Achsenkreuz der Hauptleitfähigkeitsachsen eine geschlossene Oberfläche zeichnen, die den Zusammenhang zwischen Schwingungsrichtung und Absorption veranschaulicht und die gleichfalls annähernd ein Ellipsoid ist, wenn wir die für die Stärke der Absorption charakteristische Zahl geeignet definieren („Absorptionsellipsoid").

Im rhombischen, mono- und asymmetrischen System ist das Ellipsoid dreiachsig. Im rhombischen System, das wir herausgegriffen haben, stimmen seine Achsen, das sind die Schwingungsrichtungen der größten, der kleinsten und einer mittleren Absorption, für alle Farben mit den optischen Symmetrieachsen überein. Im monosymmetrischen liegt eine seiner Achsen für jede Farbe in

1) Experimentell ist bei den stark absorbierenden Metalleinkristallen z. B. aus Zink die Änderung der Leitfähigkeit mit der Richtung gemessen worden. Die Ausführungen im Text beziehen sich auf schwach absorbierende Kristalle, die allein der Beobachtung im durchgehenden Lichte zugänglich sind.

der kristallographischen Symmetrieachse, die anderen beiden in der kristallographischen Symmetrieebene. Diese beiden liegen für verschiedene Farben verschieden und stimmen bei derselben Farbe nicht mit den in der gleichen Ebene liegenden optischen Symmetrieachsen überein. Besonders schön zeigen den Pleochroismus hier gewisse Varietäten Epidot, die Gelb, Braun und Grün als Achsenfarben haben, und Glaukophan mit Hellgrüngelb, Violett und Ultramarin als Achsenfarben.

Bei den asymmetrischen Kristallen läßt sich von vornherein nichts über die Achsenrichtungen des Absorptionsellipsoids sagen. Dagegen ergibt sich aus den Symmetrieverhältnissen der regulären und einachsigen Kristalle, daß das Absorptionsellipsoid im regulären System zur Kugel und im hexagonalen und tetragonalen zum Rotationsellipsoid wird, dessen Achse in der Hauptachse liegt. Danach können einachsige Kristalle nur zwei extreme Farben (Dichroismus) zeigen: eine in Richtung der Achse, die andere in allen Richtungen senkrecht dazu, die ja gleichwertig sind; oder, wenn wir wieder auf die Schwingungsrichtungen zurückgehen: eine, die allen Schwingungsrichtungen senkrecht zur Achse angehört, d. h. der ordentlichen Welle, wie sie auch liegen mag, die andere, die den Schwingungen parallel der Achse angehört, d. h. der außerordentlichen Welle, wenn sie gerade senkrecht zur Achse geht. In dieser Richtung unterscheidet sie sich also wie in ihrer Geschwindigkeit so auch in ihrer Absorption denkbar von der ordentlichen. In den Zwischenrichtungen nähert sie sich in den Absorptionsverhältnissen wie in der Geschwindigkeit der ordentlichen, bis sie in Richtung der Achse mit ihr übereinstimmt.

Als Beispiel erwähnen wir noch einmal den Turmalin. Die Schwingung senkrecht zur Achse, d. h. die ordentliche Welle wird in allen Richtungen gleich, und zwar sehr stark absorbiert, die außerordentliche Welle in Richtung der Achse genau gleich stark, so daß der

Turmalin in dieser Richtung fast undurchsichtig ist. Senkrecht zur Achse wird sie weit weniger absorbiert und tritt hier als einzige parallel der Achse schwingend aus (vgl. Fig. 25).

Wesentlich wie der Turmalin wirkt der Herapathit, ein Perjodid des Chininsulfats. In Amerika wird er durch Einlagerung gleichgerichteter Mikrokristalle in Folien zu „dichroitischen Polarisatoren“ verarbeitet. Zeiß in Jena stellt „Polarisationsfilter“ nach anderem Verfahren her. In Parallelstellung gehen durch zwei Zeißsche Folien 14% im Grün, 18% im Rot hindurch, so daß sich als Färbung ein ziemlich reines Grau zeigt. Bei gekreuzter Stellung ist die Durchlässigkeit durch das ganze sichtbare Spektrum unter $^1/_{100}$%. Solche Folien können in vielen Fällen die teureren Polarisationsprismen ersetzen.

IV. Teil

Gitteroptik des sichtbaren Spektrums

§ 22. Modell und Methode

Wir haben bereits in § 1 darauf hingewiesen, daß es nur ein vorläufiges, formales, einebnendes, summarisches Verfahren ist, wenn wir die optische Theorie des anisotropen Körpers an dem Modell eines kontinuierlich mit Masse erfüllten Raumes entwickeln, der in verschiedenen Richtungen verschiedene Dielektrizitätskonstanten oder Brechzahlen oder Lichtgeschwindigkeiten zuerteilt bekommt. Das ist eine sehr plumpe Zwangsjacke, die wir der lebendigen Natur überwerfen, und wir wissen aus vielen Erfahrungen: besser paßt sich ihr das „Gittermodell“ an, das die Körperpartikeln in der regelmäßigen, dreifach periodischen Anordnung des „Raumgitters“ zeigt. Für die Röntgenstrahlen mit ihrer Wellenlänge von der Größenordnung des Partikelabstands ist dieses Modell oder ein ähnliches unvermeidbar; für das sichtbare Licht mit seiner rund 1000 bis 10 000mal größeren Wellenlänge genügt im allgemeinen die einfachere Kontinuumsvorstellung.

Aber auch im Sichtbaren findet man bereits Erscheinungen, die auf die Gitterstruktur hindeuten. So kann man an sehr dünnen Kristallplättchen, z. B. aus Paratoluidin, die man unterm Mikroskop in ihrem eigenen Dampfe wachsen sieht, im gespiegelten Lichte die Farben dünner Plättchen („Seifenblasenfarben") beobachten. Je nach seiner Dicke erscheint das Plättchen in einer andern Farbe, aber die Farben gehen nicht kontinuierlich ineinander über, sondern setzen sich in scharfen, sich allmählich vorschiebenden Trennungslinien voneinander ab. Das beweist den treppenförmigen Aufbau des Kristalls, die regelmäßigen Molekelschichten, die sich nach und nach ankristallisieren. Man kann solche Versuche noch verfeinern und aus den Interferenzfarben bis zur Feststellung eines elementaren Schichtabstandes kommen, dessen ganzzahlige Vielfache alle beobachteten Schichtdicken sind — sehr erstaunliche Ausmessung eines Feinbaus mit einer vielleicht 600mal größeren Wellenlänge. Auch die Streifen gleicher Dicke hat man neuerdings (S. Tolansky) zum gleichen Zwecke mit Erfolg herangezogen.

Nach alledem wird man versuchen, die theoretische Kristalloptik auch des sichtbaren Spektrums auf das Gittermodell zu gründen, eine „Gitteroptik des Sichtbaren" aufzubauen, eine „Langwellenoptik" als Gegenstück der „Röntgenoptik", und von ihr erwarten, daß sie zum mindesten dasselbe leistet, was die alte Kontinuumstheorie leistete, etwa die Normalenfläche liefert wie die Maxwellsche Theorie in § 12 oder die Schwingungsrichtungen im Kristall (§ 13). Wir werden im folgenden erörtern — und damit begeben wir uns von dem klassischen, gesicherten Besitzstand der ersten Teile in ein jüngeres, in vielfachem Aus- und Umbau befindliches Gebiet —, daß die neue Theorie nicht nur der alten gleichwertig ist, sondern an deren Fehlstellen (s. S. 106), der Erklärung der Dispersion und der natürlichen Drehung, und in der quantitativen Verknüpfung optischer Konstanten mit andern Kristalleigenschaften wie den Elastizitätsmoduln und der spezifischen Wärme über sie hinausgeht.

Begründung und entscheidende Förderung hat die Gitteroptik durch P. P. Ewald[1]) gefunden. Wenige Jahre nach seiner Dissertation 1912 beginnen gleichgerichtete Arbeiten von M. Born[2]), so daß man häufig von einer „Ewald-Bornschen Gittertheorie" spricht. Zahlreiche Beiträge von verschiedenen Seiten folgen. Alle sind mathematisch schwierig und in unserem Rahmen nicht ins einzelne darstellbar. Wir müssen uns hier mit einer fast formellosen Veranschaulichung der Grundlagen und Ergebnisse begnügen.

Das Modell des Kristallgitters besteht aus einer räumlich regelmäßigen Anordnung von Atomen oder Ionen oder Atomgruppen, die durch Wechselwirkung an ihrer Stelle gehalten werden. Noch einfacher: um von dieser komplizierten Wechselwirkung loszukommen, stellt man sie als eine in die Ruhelage zurücktreibende Kraft dar, und statt der Atome oder ähnlichem werden nur Elektronen angenommen, die unter der Einwirkung dieser Kraft Schwingungen um die Ruhelage ausführen können („Oszillatoren", „Resonatoren"). Ist die rücktreibende Kraft proportional der Auslenkung, „quasielastisch", so sind die Schwingungen sinusförmig; ist sie unabhängig von der Richtung der Auslenkung, „isotrope Bindung", so ist die gesamte

1) P. P. Ewald, Diss. München 1912: Dispersion und Doppelbrechung von Elektronengittern (Kristallen). Ders., Ann. d. Phys. **49**, 1 und 117, 1916. Eine kurze Monographie: P. P. Ewald, Die Reflexion und Brechung des Lichts als Problem der Elektronentheorie, Berlin 1925.

2) M. Born, Dynamik der Kristallgitter, Berlin 1915. Ders. in der Enzyklopädie der mathem. Wissenschaften, V3, Leipzig 1923. M. Born und M. Göppert-Mayer, Dynamische Gittertheorie der Kristalle, Beitrag in Band 24² des Handbuchs der Physik von Geiger u. Scheel, Berlin 1933.

A n i s o t r o p i e d e s K r i s t a l l s a u f d i e A n i s o t r o p i e d e r L a g e g e s c h o b e n.

Um ein Bild von der Elektronenanordnung vor Augen zu haben, gehen wir wie in § 2 von einem Kristallsystem mittlerer Symmetrie aus, dem rhombischen. Bei ihm wurden die Kristallflächen auf ein Kreuz von drei aufeinander senkrechten ungleichwertigen Achsen bezogen. Entsprechend ordnen wir die Ruhelagen der Elektronen in einem „e i n f a c h e n r h o m b i s c h e n G i t t e r" an (Fig. 107): in rechtwinkligen kartesischen Koordinaten

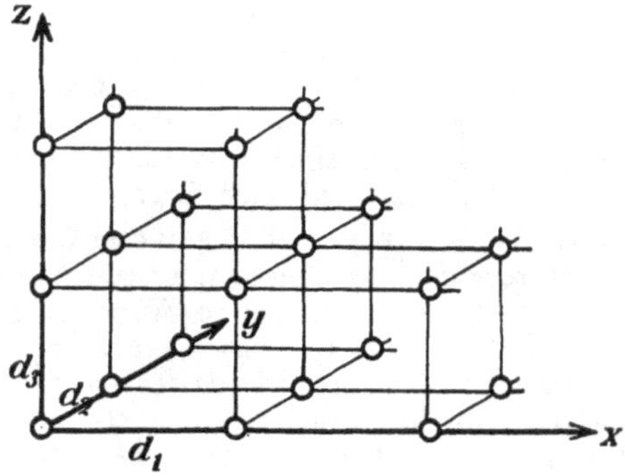

Fig. 107. Rhombisches Gitter

folgen die Partikeln einander in der x-Richtung jeweils im Abstande d_1, in der y-Richtung im Abstande d_2, in der z-Richtung im Abstande d_3. Durch Gleichsetzen zweier Abstände d oder gar aller dreier könnten wir zu dem einfachsten Schema eines tetragonalen oder regulären Gitters übergehen, durch teilweises oder völliges Windschiefmachen der Achsen zu den unsymmetrischeren Systemen.

In Weiterbildung dieses Modells kann man erstens die Elektronen wieder durch Atome oder Ionen ersetzen. Zweitens wird man beachten, daß in der Natur verschiedene solche einfache Gitter ineinandergeschachtelt sind. Selbst das häufig als erstes Beispiel herangezogene Steinsalz NaCl, bei dem abwechselnd Na- und Cl-Ionen in einem für alle Achsenrichtungen der Figur 107 gleichen Abstand $d_1 = d_2 = d_3$ folgen, enthält eben ein einfaches (und nicht einmal das einfachste) Chlorgitter, hineingesetzt in ein gleiches Natriumgitter. Und wieviel verwickelter sind unsere Hauptversuchsobjekte Kalkspat und Quarz oder gar Gips und Glimmer!

Drittens kann man der neuen Erkenntnis Rechnung tragen, daß das Atom aus einem Kern und einer räumlich ziemlich ausgedehnten negativen „Ladungswolke" besteht und daß solche Atome im Kristall dicht gepackt liegen — entgegen der Anschauung, die durch die üblichen Kristallmodelle aus Drähten und Holzkugeln vermittelt wird. So wird man den Kristall weniger als Punktanordnung von Elektronen denn als einen Körper ansehen, der von dreifach periodischen negativen Raumladungen lückenlos erfüllt ist[1]).

Zum „Modell" rechnen wir noch die einfallende Lichtwelle, im einfachsten Falle eine ebene Sinuswelle, deren mathematischen Ansatz wir aus § 12 bereits kennen. Die Welle erregt alle Elektronen, die sie überstreicht. Sie erregt sie stark, wenn ihre Schwingungszahl ν mit der Eigenschwingungszahl ν_0 der Elektronen übereinstimmt („Resonanzfall"), und um so weniger, je größer der Unterschied von ν und ν_0 ist. Schon die einfachsten mechanischen Gesetze der erzwungenen Schwingungen liefern als Schwingungstempo der Elektronen das der äußeren Welle und als die für die Stärke des Mitschwingens entscheidende Größe den „Resonanzfaktor" $\frac{1}{\nu_0^2-\nu^2}$, der mit wachsender Annäherung an die Resonanzstelle $\nu = \nu_0$ größer und größer und für

1) Grundlagen und Röntgenoptik dieses Modells bei M. v. Laue, Ergebnisse der exakten Naturwissenschaften **10**, 133, 1931. Anwendung auf unsere Langwellenoptik bei G. Molière, Dynamische Theorie der Kristalloptik, Ann. d. Phys. **24**, 591, 1935.

$\nu = \nu_0$ sogar unendlich wird. (Das wird durch Berücksichtigung der Oszillatorendämpfung vermieden, die für einen weiteren Addenden im Nenner sorgt.)

Das Wechselfeld der äußeren Welle ist aber nicht die einzige Kraft, die auf die Oszillatoren wirkt. Denn diese strahlen selbst bei der Schwingung wie kleine Antennen kugelförmige „Elementarwellen" aus, und das gesamte Feld besteht aus dem der äußeren Welle und sämtlichen Elementarwellen — das einen der Resonatoren erregende Feld besteht nur aus der äußeren Welle und den Elementarwellen aller übrigen Resonatoren. Die Oszillatoren entnehmen Energie aus dem Strahlungsfelde und sie geben auch Energie an das Feld ab; es ist ein sehr verwickeltes Zusammenspiel des Gebens und Nehmens, dessen dynamische Möglichkeit kurz in die Forderung gefaßt werden kann: die Elektronenschwingungen müssen gerade durch das von ihnen miterzeugte Feld erhalten werden können.

Dieses Gesamtmodell der Kristalloptik, Gitter + Wellen, kann nun nach verschiedenen Methoden mathematisch angefaßt werden. Es zeigt sich, daß alle Methoden in ihren Ergebnissen wesentlich übereinstimmen und die wichtigsten kristalloptischen Eigenschaften ohne Zusatzannahmen herauszurechnen gestatten.

Faßt man den Kristall als Ladungswolke von räumlich dreifacher Periodizität auf, so ist die Behandlungsweise noch rein kontinuumsmäßig. Man muß sich vorstellen, daß sich die Ladungswolke unter dem Einfluß elektrischer Felder, z. B. des Wechselfeldes der Strahlung, verschieben kann, und eine Wellenlösung der Maxwellschen Gleichungen suchen, die für einen so beschaffenen und so bestrahlen Körper gilt (v. Laue, Molière. Eine ausführliche Kontinuumstheorie mit räumlich periodischer Dielektrizitätskonstante findet sich schon 1924 bei E. Lohr).

Eine zweite Methode (Born a. a. O.) vermischt Kontinuums- und Diskontinuumsauffassung. Die Kontinuumsseite wird durch die Anwendung der Maxwellschen Gleichungen vertreten, die ja nichts vom atomaren Aufbau wissen, sondern mit stetig zusammenhängenden Stoffen rechnen. Aber die in diesen Gleichungen auftretenden Körperkonstanten — das sind bei der üblichen erlaubten Nichtbeachtung des μ (s. § 12) die Dielektrizitätskonstanten ε — werden aus der Diskontinuumsvorstellung gedeutet, so wie das in der atomaren Elektrizitätslehre zu geschehen pflegt: ε oder die durch die „Maxwellsche Beziehung" $n^2 = \varepsilon$ mit ihm verknüpfte Brechzahl n wird aufgebaut aus den elektrischen „Momenten" (= Ladung mal [variablem] Abstand von der Ruhelage) sämtlicher schwingenden Körperpartikeln.

Begrifflich am klarsten, wenn auch mit besonderen mathematischen Schwierigkeiten belastet, ist die dritte rein molekulare Methode von Ewald. Ohne unmittelbar auf die Maxwellschen Gleichungen zurückzugreifen, verfolgt sie das verwickelte Wellenspiel der Energieaufnahme und -abgabe im Resonatorengitter und gelangt schließlich zu makroskopisch prüfbaren Aussagen, indem sie die submikroskopischen Wechselfelder durch Mittelwertsbildungen glättet.

Doch man ist noch einen Schritt weitergegangen. Alle diese Methoden sind „klassisch", insofern in ihnen nichts von Quanten vorkommt. Natürlich will man aber auch die Kristalloptik quantentheoretisch aufbauen und von dieser wiederum übergeordneten Stelle Zustimmung zu allem Erreichten erhalten. Das hat nach den neuesten und allgemeinsten Gesichtspunkten G. Wentzel getan[1]). Zum Glück wird der Gehalt der klassischen Theorien in entscheidenden Punkten bestätigt, quantitativ oder wenigstens qualitativ, einer von den hundert Fällen der engen Beziehung, der „Korrespondenz"

[1]) G. Wentzel, Kristalloptik und Wellenmechanik, Helv. Phys. Acta 6, 89, 1933.

klassischer und quantischer Vorstellungsweise. Insonderheit kann das Bild der mitschwingungsfähigen Elektronen beibehalten werden, wenn man nur ihre Ladung, die man in der Klassik immer als Elementarladung e denkt, geeignet bemißt und sich von dem Gedanken der realen Existenz je eines Schwingungsgebildes in je einem Gitterpunkte frei macht. Entsprechend dem Abrücken der neuen Quantentheorie von räumlich-zeitlicher Anschaulichkeit, die man nur als ein Geländer beibehält, auf das man sich nicht allzu energisch stützen darf, sind es nur fingierte Oszillatoren, viel zahlreichere als die realen Oszillatoren bei *Ewald*, ein mathematisches Hilfsmittel, ein „virtuelles Orchester", von dem man sich die kristalloptischen Harmonien fiedeln läßt, rhythmischer und wohlklingender als in isotropen Körpern.

§ 23. Dispersion und Doppelbrechung

Eine ebene Welle E falle (Fig. 108) auf die Oberfläche des Kristalls und durchstreiche ihn unter Erregung sehr zahlreicher Elementarwellen in Richtung D. Es läßt sich zeigen, daß man einen dynamisch möglichen Ansatz für die Elementarwellen finden kann, der dreierlei leistet. *Erstens* löschen die Elementarwellen die geradeaus hindurchgehende Welle D durch Interferenz gerade aus. Diese Forderung muß man stellen; denn makroskopisch tritt eine solche geradeaus weitergehende Welle nicht auf. Die Auslöschungsforderung ersetzt in der Gitteroptik die sogen. „Grenzbedingungen" der Maxwellschen Theorie, die das Verhalten der elektrischen und magnetischen Feldstärke an der Grenze zweier Medien regeln. *Zweitens* überlagern sich die Elementarwellen im

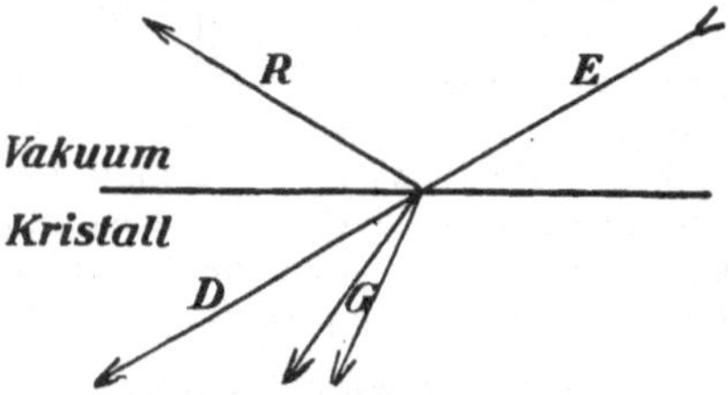

Fig. 108. Wellen am Kristallrand

Außenraum zu einer gespiegelten Welle R in der von der Erfahrung bestätigten Richtung und Stärke, die in der Kontinuumsoptik durch das Spiegelungsgesetz und die „Fresnelschen Reflexionsformeln" festgelegt sind. Und drittens erscheinen gebrochene Wellen G, gleichfalls im Einklang mit der Erfahrung nach dem Brechungsgesetze. Die Wellen D und R sind Probleme des Randes. Wir befassen uns nur mit dem innerkristallinen „Binnenproblem" der Wellen G.

Hier taucht noch vor jeder Erklärung der Doppelbrechung die Frage auf: wie ist es möglich, daß eine Welle von der Geschwindigkeit v aus Elementarwellen entsteht, die allesamt mit der Vakuumlichtgeschwindigkeit C laufen? Denn zwischen den Elektronen ist Vakuum! Man muß zur Beantwortung erst den vieldeutigen Begriff „Lichtgeschwindigkeit" genauer fassen. v bedeutet „Phasengeschwindigkeit", d. i. der Weg, den ein Wellenberg oder ein Wellental oder ein dazwischenliegender Auslenkungswert („Phase") in der Zeiteinheit zurücklegt. Die Phasengeschwindigkeit ist für die Werte der Brechzahl, für die „optische Weglänge" Brechzahl mal Strecke und damit für alle Interferenzerscheinungen maßgebend (nicht maßgebend etwa für die Ausbreitungsgeschwindigkeit der Lichtsignale in den Gedankenversuchen der Relativitätstheorie).

Wie schnell läuft also die ebene Welle E (Fig. 109) durch den Kristall, d. h. durch das Vakuum mit seinen „eingehängten" Netzebenen $N_1 N_2$, wobei wir der Einfachheit halber E und alle N parallel annehmen? Zwischen den Netzebenen mit der Vakuumgeschwindigkeit C — aber wir zeigen durch eine einfache Überlegung, daß die Phase an jeder Netzebene, die sie durchstreicht, ein wenig zurückversetzt, zurückgehalten wird und somit in einer Sekunde nicht um die Strecke C, sondern nur um eine kleinere vorwärts kommt, die wir eben v genannt haben. Diese Zurückversetzung kommt dadurch zustande, daß von einer Netzebene eine

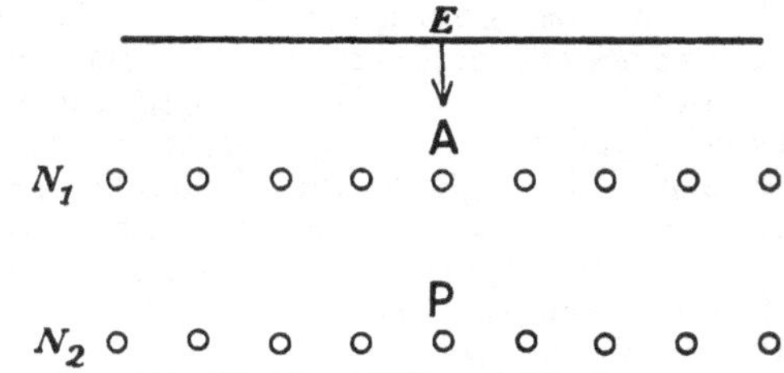

Fig. 109. Ebene Welle und Netzebenen

vergleichsweise sehr schwache Elementarwelle ausgeht, die sich der ankommenden überlagert und durch Interferenz die weitergehende Phase ein kleines Stück verschiebt, im Normalfalle rückwärts.

Die Kristallpartikeln führen unter der Wirkung von E erzwungene Schwingungen aus. Man weiß aus deren Theorie, daß die Phase der erzwungenen Schwingungen mit der Fremdschwingung mitgeht, solange die Fremdschwingungszahl ν kleiner als die Eigenschwingungszahl ν_0 ist, daß sie aber um 180° nachhinkt, wenn ν größer ist als ν_0 (Fig. 110). Diese Phase wäre aber nur dann maßgebend für die Zusatzwelle in P (Fig. 109), wenn diese allein von dem eben erregten Nachbaroszillator A herrührte. Alle andern erregten Oszillatoren senden aber auch Zusatzwellen nach P, die wegen ihrer größeren Entfernung später ankommen. Überlegungen, die ähnlich auch an anderen Stellen der Lichttheorie auftreten („Fresnelsche Zonenkonstruktion") lehren, daß man zu den genannten Nachhinkewinkeln noch solche von 90° hinzuzählen muß, so daß unterhalb von ν_0 (Fig. 110)

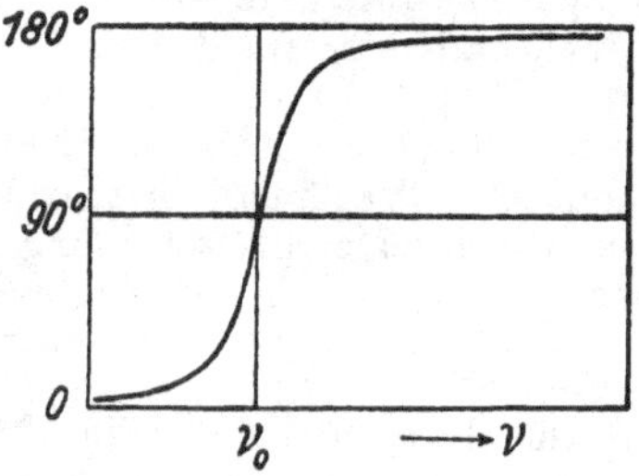

Fig. 110. Phasen bei erzwungenen Schwingungen

ein Nachhinken um 90°, oberhalb eins von 270° herauskommt, welch letzteres auch als Voreilen um 90° bezeichnet werden kann. Somit ergibt sich für $\nu < \nu_0$ eine Wellenüberlagerung nach Fig. 111. Die primäre Welle P_1 kommt von links und ginge hinter der Netzebene N

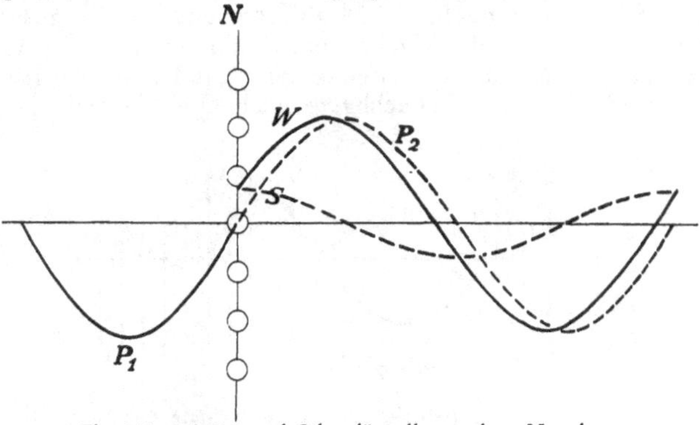

Fig. 111. Primär- und Sekundärwelle an einer Netzebene

mit kaum verminderter Amplitude als die punktierte Welle P_2 weiter, käme nicht von N die sehr kleine, in der Figur übertrieben groß gezeichnete Sekundärwelle S hinzu, wie immer bei erzwungenen Schwingungen von der gleichen Wellenlänge wie P_1 und P_2, aber gegen P_2 um rund 90° nachhinkend. Die Überlagerung der Punktierten P_2 und S gibt die ausgezogene weitergehende Welle W, wiederum von gleichem λ, doch mit einem gegen P_2 ein wenig zurückversetzten Maximum. Dies ist die anschauliche Erklärung der geringeren Lichtgeschwindigkeit im Körper. v ist keine allerorts gleiche Körperkonstante wie in der Maxwellschen Kontinuumsvorstellung, sondern — charakteristisch für die Elektronentheorie — ein Mittelwert, sozusagen von C-Schritten vorwärts und endlichen Rückversetzungen, ähnlich gewissen Prozessionen. Es gibt Gebiete der neuesten Kristallelektronik (W. Kossel und

Mitarbeiter), wo man dieses „Zuschalten von Sekundärwellen“ bis in Einzelheiten verfolgen kann[1]).

Zuerst sieht es so aus, als ob bei dieser Überlegung die Verkürzung der Wellenlänge vom Vakuumwert λ_0 auf λ_0/n im Medium nicht herauskäme. Dem ist aber nicht so. Wir zeichnen (Fig. 112) als Momentbild die ausgezogene Welle an der Grenze von Vakuum und Kristall, bei der gerade in der Grenze eine Nullstelle A_1 liegt, während die rechts benachbarte nach Durchlaufen vieler

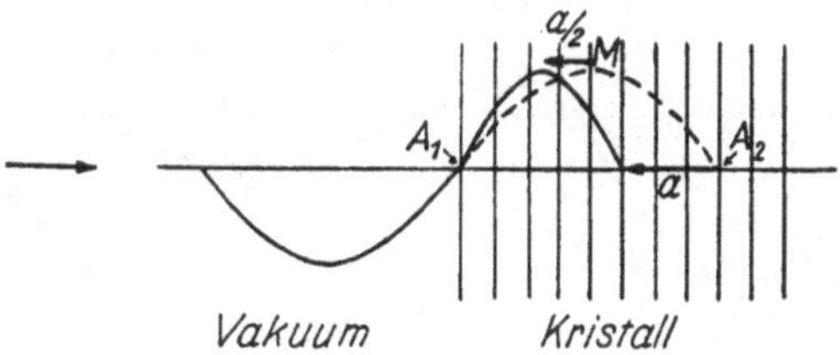

Fig. 112. Wellenverkürzung im Kristallgitter

Netzebenen bis A_2 gekommen wäre, hätten die Sekundärwellen sie nicht um a zurückgesetzt. Das dazwischenliegende Maximum hat erst halb so viele Netzebenen durcheilt wie die Nullstelle A_2; also ist es nur um $a/2$ zurückversetzt. So kommt im Kristall statt der punktierten Fortsetzung die ausgezogene verkürzte Welle zustande.

In diesen Gedankengängen steckt auch bereits die Erklärung der Dispersion als der Abhängigkeit der Brechzahl n oder der Phasengeschwindigkeit v von der Schwingungszahl ν der ankommenden Welle. Je mehr sich ν von kleinen Werten her der Resonanzstelle ν_0 nähert, um so mehr werden die Resonatoren aufgeschaukelt. Der „Resonanzfaktor“ des vorigen § war das Maß dafür. Starkes Aufschaukeln aber bedeutet starke Sekundärwelle S, großes Rückversetzen, kleine v, große

1) W. Kossel, Neue Kristalloptik, Optik 3, 178, 1948.

n. Jenseits der Resonanzstelle $\nu = \nu_0$ aber kommt das Vorversetzen, die vergrößerten v, die verkleinerten n, oft $n < 1$, wie man sie aus den Dispersionskurven der isotropen Medien kennt, z. B. aus den nach der Methode der gekreuzten Spektren selbständig aufgezeichneten von Natrium und anderen Alkalien.

Wie n weitab von der Eigenschwingung ν_0, in den Gebieten ohne merkliche Absorption, von ν abhängt, lehrt die aus der rechnerischen Durchführung dieser Gedankenfolge sich ergebende einfachste „Dispersionsgleichung"

$$n^2 - 1 = \frac{\text{Constans}}{\nu_0^2 - \nu^2},$$

die links gewissermaßen die Mehrleistung des Mediums gegenüber dem Vakuum ($n = 1$) und rechts wesentlich den Resonanzfaktor enthält.

Hat das Gebilde mehrere Eigenschwingungen $\nu_1, \nu_2 \ldots$, so tritt rechts eine Summe gleichgebauter Terme auf:

$$n^2 - 1 = \sum_i \frac{c_i}{\nu_i^2 - \nu^2} \quad (c_i \text{ Konstanten}),$$

und solche Dispersionsformeln, aus den klassischen Theorien seit langem abgeleitet und nun gitteroptisch für kubische Kristalle genau so wiederzufinden, stellen den Versuchsbefund bei geeigneter, wenn auch meist nicht unmittelbar nachprüfbarer Wahl der ν_i mit fast vollkommener Genauigkeit dar.

Figur 113 und die Tabelle geben die Messungen an Steinsalz, wie üblich auf die Wellenlänge λ und nicht auf die Schwingungszahl ν bezogen (steigendes ν: abnehmendes λ).

Experimentelle Werte wie

	λ	n
Cd	441	1,55962
H	486	1,55338
Na	589	1,54431
H	656	1,54067
K	768	1,53666

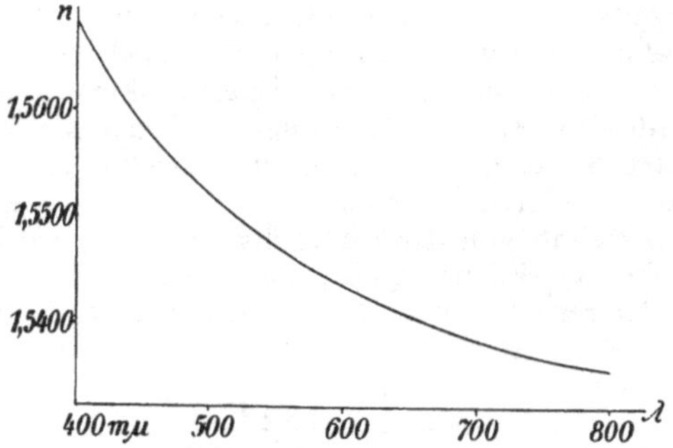

Fig. 113. Dispersion des Steinsalzes im Sichtbaren

weichen von der von P a s c h e n angegebenen Formel

$$n^2 - 1 = 4{,}680137 + \frac{0{,}01278685}{\lambda^2 - 0{,}1219^2} + \frac{0{,}005343924}{\lambda^2 - 0{,}1596^2} + \frac{12059{,}95}{\lambda^2 - 60^2}$$

um weniger als 2 Einheiten der 5. Dezimale ab. In der Formel sind, wie man sieht, drei Resonanzstellen in Rechnung gesetzt, zwei ultraviolette bei 0,1219 und 0,1596 μ und eine im ferneren Ultrarot bei 60 μ.

Bleibt noch die Erklärung der D o p p e l brechung. Das den Elektronen von den Nachbarn zugestrahlte Feld, also auch die Stärke des Mitschwingens und damit wieder die Phasengeschwindigkeit und die Brechzahl, ist verschieden, wenn die Elektronen in der xy-Ebene des rohmbischen Gitters Fig. 107 die in Fig. 114 in die Zeichenebene gelegt ist, in der x-Richtung schwingen wie in der

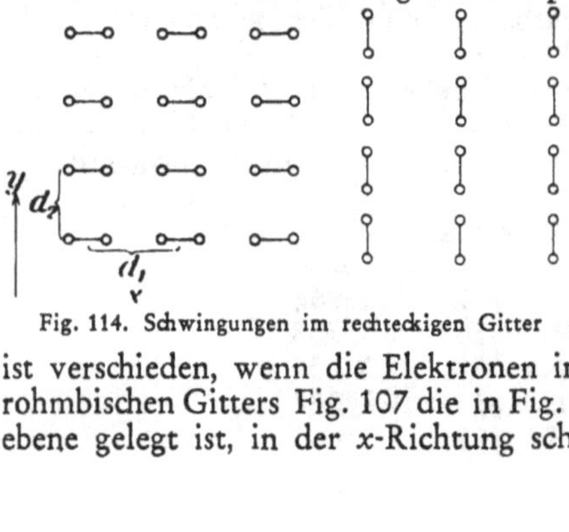

Fig. 114. Schwingungen im rechteckigen Gitter

linken Hälfte der Figur oder in der y-Richtung wie in der rechten Hälfte. Denn nach der Maxwellschen Theorie strahlt ein Dipol — man kann es an einer makroskopischen Antenne experimentell nachweisen — in seiner Schwingungsrichtung, gar nicht, maximal aber in der „Äquatorrichtung“ senkrecht dazu. So erfolgt die wesentliche Zustrahlung in der linken Figurenhälfte durch die Nachbarn in der y-Richtung, in der rechten durch die Nachbarn in der x-Richtung. Jene sind um das kleinere d_2 entfernt, diese um das größere d_1. Also ist links die gesamte Zustrahlung größer, rechts kleiner, und dieser Unterschied, bedingt also durch die Anisotropie der Lage, besorgt die Verschiedenheit der Phasengeschwindigkeiten, d. i. die Doppelbrechung.

So folgt die von uns immer wieder festgestellte Abhängigkeit des v von der Schwingungsrichtung (s. z. B. S. 51) aus der Gittertheorie. Bei Ewald wird sowohl das Indexellipsoid wie die Normalenfläche im Einklang mit der Klassik und mit der Erfahrung wiedergefunden, und daß bei seinem Beispiel, dem Anhydrit $CaSO_4$, wohl die Größenordnung aber nicht die Zahlenwerte stimmen, liegt nur an der allzu großen Einfachheit des Modells.

Verfeinert man es, so kommt man zu recht befriedigender Übereinstimmung, ja man vertraut der Theorie so weit, daß man ein Modell für zutreffend hält, dessen Durchrechnung die beobachtete Doppelbrechung liefert. So hat Hylleraas mit Erfolg Kalomel Hg_2Cl_2 untersucht, einen tetragonalen Kristall von extrem großer positiver Doppelbrechung, wegen stark verschiedener d im röntgenoptisch festgestellten Modell. Berechnung und Beobachtung der Hauptbrechzahlen n_0 und n_e und ihrer Dispersion stimmen gut überein:

λ		n_0		n_e	
		berechn.	beob.	berechn.	beob.
Li	671	1,9555	1,9556	2,6007	2,6006
Na	589	1,9732	1,9733	2,6568	2,6559
Tl	535	1,9904	1,9908	2,7130	2,7129

Ähnliche Erfolge sind von H y l l e r a a s bei den beiden Formen des TiO_2, dem Rutil und Anatas, von W. L. B r a g g bei Kalkspat, Aragonit, Korund erzielt worden usw.

Der wesentliche Gesichtspunkt bei der B r a g g schen Überlegung am Kalkspat ist der folgende: für die Polarisation und damit für die Stärke des Mitschwingens kommen im $CaCO_3$ in erster Linie die drei besonders leicht polarisierbaren O-Ionen in Frage. Sie liegen nach Ausweis der Röntgenanalyse in Ebenen senkrecht zur Achse an den Ecken eines gleichseitigen Dreiecks. In Figur 115 sind drei Nachbar-O-Ionen in die Papierebene gelegt; die Achse steht hier also senkrecht zur Papierebene. Ein elektrischer Vektor $\mathfrak{E}$ in der Papierebene, senkrecht zur Achse liegend und damit einer o r d e n t l i c h e n Welle zugehörig (§ 6), polarisiert die drei Ionen durch Verschieben der negativen Hülle wie gezeichnet. Man übersieht die Wirkung der Ionen aufeinannder: die Polarisation von A wird durch die von B und C gefördert entsprechend der +- und —-Lage in diesen. Die in B wird durch die von A gefördert, durch die von C ein wenig geschwächt, so daß in summa noch eine Förderung herauskommt. Für C gilt das Gleiche. Im ganzen kommt es also zu einer Verstärkung der Polarisation der Dreiergruppe durch die gegenseitigen Einwirkungen, also zu stärkerem Mitschwingen, zu einflußreicheren Sekundärwellen, zu einer erheblicheren Verlangsamung der ordentlichen Welle.

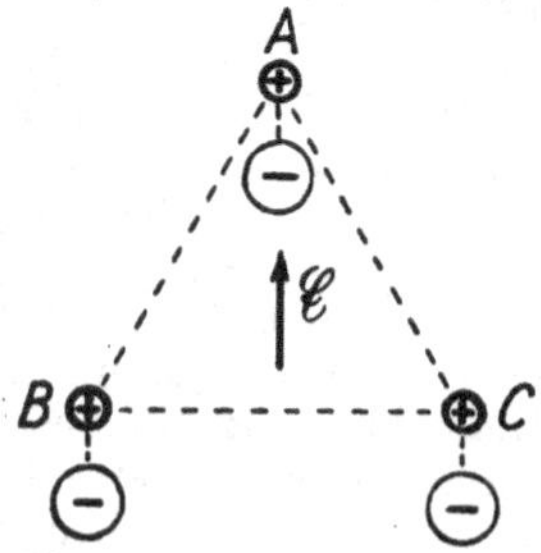

Fig. 115. Polarisation der O-Ionen bei $\mathfrak{E} \perp$ Achse

Liegt dagegen (Fig. 116) $\mathfrak{E}$ in Achsenrichtung (das Dreieck ist perspektivisch gezeichnet, die negativen

Hüllen senkrecht zur Dreiecksebene nach unten gezogen), handelt es sich also um die a.o. Welle, so wirken alle Nachbarn aufeinander polarisationshemmend, die Sekundärwellen werden weniger einflußreich, die a. o. Welle bleibt die schnellere, wie es die Erfahrung zeigt.

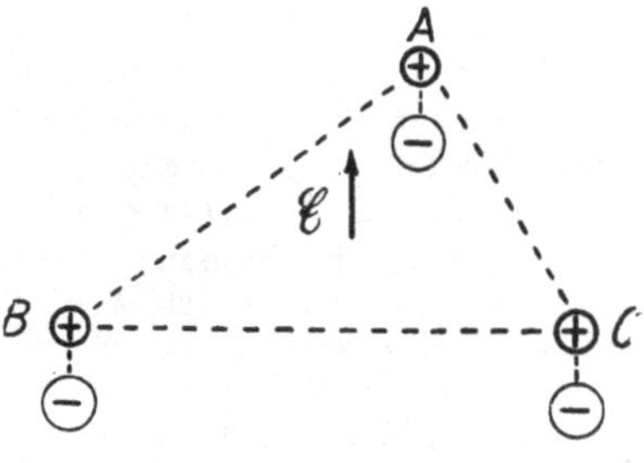

Fig. 116. Polarisation der O-Ionen bei $\mathfrak{E}$ in der Achse

Zum Schluß noch eine Bestätigung unserer Grundvorstellungen in zugänglicheren Größenverhältnissen. Nach Vorgängern wie Garbasso, Aschkinass, Cl. Schaefer hat Lindman in Åbo (Finnland) Dispersionskurve und Doppelbrechung und darüber hinaus sogar die Drehung wiedergefunden, als er die Abmessungen des Resonatorenhaufens rund um das Milliardenfache steigerte. An Stelle der Elektronen treten Hertzsche Metallresonatoren in Kreis- oder Kugelform von einigen cm Radius, auch in Spiralform, wenn es auf die Drehung hinauswill (§ 24). Ein isotroper Körper wird regellos aus Resonatoren in Wattepackung aufgebaut, ein anisotroper aus hintereinandergestellten Pappscheiben mit Kugelresonatoren in der Rechtecksanordnung der Figur 114. Dann fallen Hertzsche Wellen auf, ansteigend von vielleicht 10 bis 40 cm Länge, ein Bereich, der die Eigenwellenlänge der Resonatoren enthält. Dabei erweist unser Gittermodell „handgreiflich" seine Brauchbarkeit.

§ 24. Drehung

Die optische Drehung wird von der Gittertheorie ohne weitere Zusatzannahmen wiedergegeben, wenn man zwei Punkte beachtet:

1. die schwingenden Partikeln sind miteinander gekoppelt,
2. der Partikelabstand wird nicht verschwindend klein gegen die Wellenlänge angenommen[1]).

In der Wiedergabe der Drehung geht B o r n (und gleichzeitig mit ihm C. W. O s e e n) über E w a l d hinaus.

Es ist unmöglich, die hohe Theorie hier in Einzelheiten vorzuführen, doch läßt sich wieder ihr Grundgedanke in einfacher Form anschaulich machen. Der Kristall mit seinen sehr zahlreichen gekoppelten Atomen ist als riesige anisotrope „M a k r o m o l e k e l" aufzufassen. Wir gehen zu einer normalen Molekel über; wir wissen ja z. B., daß die Zuckerlösung dreht, also muß wohl, da die Zuckermolekeln in der Lösung regellos verteilt sind, das Drehvermögen bereits in dem Bau e i n e r Molekel begründet sein. Die Zuckermolekel $C_{12}H_{22}O_{11}$ ist uns aber natürlich noch viel zu umfangreich. Wir wählen eine Molekel von zunächst nur z w e i schwingungsfähigen Atomgebilden I und II (Fig. 117) mit Ruhelagen auf der z-Achse im Abstande d und bringen die Annahme 1, die Koppelung, dadurch zum Ausdruck, daß wir fordern: bei einer Schwingung von I in einer Richtung, die wir als x-Richtung wählen, soll das mit ihm gekoppelte II n i c h t nach x, sondern etwa mit einer gleichzeitigen y-Komponente nach der Richtung s schwingen. Wie das modellmäßig zustande kommt, ist nur bei Hinzunahme von (mindestens zwei) weiteren

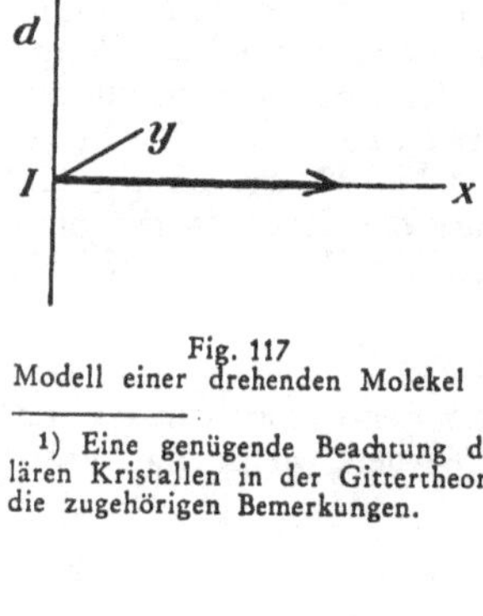

Fig. 117
Modell einer drehenden Molekel

[1]) Eine genügende Beachtung dieser zweiten Annahme nimmt den regulären Kristallen in der Gittertheorie die optische Isotropie, vgl. Fig. 66 und die zugehörigen Bemerkungen.

Partnern zu verstehen, die bestimmte Vorzugsrichtungen festlegen; bei einer zweiatomigen Molekül wären solche aus Symmetriegründen unmöglich.

Nach § 19 wird das Drehvermögen durch die verschieden große Geschwindigkeit einer rechts- und einer linkszirkularen Welle erklärt. Nach rechts wird gedreht, wenn die rechtszirkulare schneller ist (Fig. 99). Lassen wir also in der z-Richtung unseres Modells zuerst eine r e c h t s zirkulare Welle fortschreiten! In einem bestimmten Zeitpunkt liegt ihr Lichtvektor bei *I* gerade in der x-Richtung, kann also mit seinem vollen Betrage angreifen. Und nun kommt die zweite Annahme hinein: bei *II* soll im gleichen Zeitpunkt der Lichtvektor n i c h t nach x weisen, weil der Partikelabstand nicht verschwindend klein gegen λ sein soll. Vielmehr liegt der Lichtvektor bei *II* ein wenig aus der x-Richtung heraus nach der y-Richtung zu gedreht, denn das entspricht der r e c h t s zirkularen Welle: wenn ich längs der negativen z-Richtung nach unten blicke, kommt erst der mehr nach y gedrehte Lichtvektor, später der nach x liegende in mein Auge, der Vektor dreht sich in der Tat beim Entgegenblicken r e c h t s herum (vgl. die Definition S. 69). Der Lichtvektor hat durch diese Drehung eine relativ günstige Komponente in der für *II* möglichen Auslenkungsrichtung s, er kann mehr Arbeit an *II* leisten, das Mitschwingen von *II* wird verhältnismäßig groß, und das gibt nach dem vorigen Paragraphen eine starke Sekundärwelle, großen Unterschied des Mediums gegen das Vakuum, großes n, kleine Geschwindigkeit.

Bei einer l i n k s zirkularen Welle aber weist der Lichtvektor in dem Augenblicke, wo er bei *I* nach x liegt, bei *II* in eine Richtung, die aus der x-Richtung heraus dem s nicht wie vorhin zu-, sondern weggedreht ist. So kann er nur mit kleinerer Komponente angreifen als vorhin: geringeres Aufschaukeln, geringeres Mitwirken des Mediums, kleineres n, größere Geschwindigkeit. Die verschiedenen Geschwindigkeiten der entgegengesetzt zirkularen Wellen bedingen Drehung, in unserem Beispiele nach links.

Das Modell bietet offensichtlich Verallgemeinerungsmöglichkeiten. Die Fortpflanzungsrichtung braucht nicht in der Verbindungslinie von *I* und *II* zu liegen, *s* muß nicht gerade in die *xy*-Ebene fallen — wenn es nur nicht mit *x* übereinstimmt! — die Partikelzahl kann vermehrt werden: immer ist der Erfolg der gleiche. Diese erfreulich leistungsfähige Modellvorstellung stammt von W. Kuhn[1]) und hat vor allem in seiner und seiner Mitarbeiter Hand Brauchbarkeit und Erweiterungsfähigkeit in zahlreichen physikalischen und chemischen Anwendungen dargetan.

Wir gehen von der Einzelmolekel zur Makromolekel, dem Kristall, zurück und wählen als Beispiel das Natriumchlorat $NaClO_3$, das als erstes eine quantitative Behandlung erfahren hat (Hermann 1923), weil es regulär ist, also eine sich überlagernde Doppelbrechung die Rechnung nicht stört, und weil es in Lösung nicht dreht, also ein Drehvermögen nur der genügend unsymmetrischen Partikelanordnung im Raumgitter, nicht der Einzelmolekel verdankt.

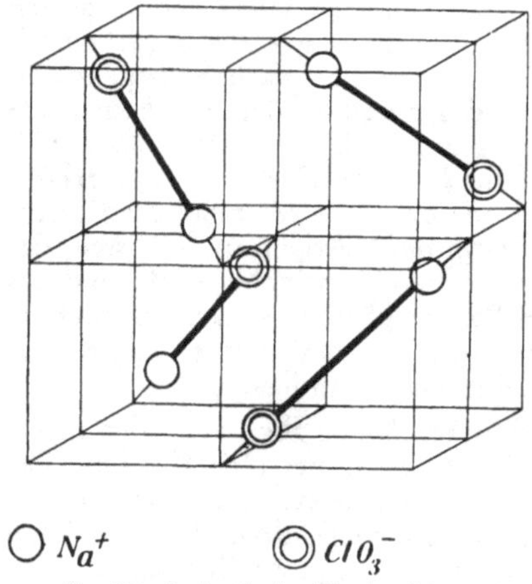

Fig. 118. Basiszelle im Natriumchlorat

Fig. 118 gibt eine der durch Röntgen-

[1]) Zur Einführung geeignet: W. Kuhn, Modellmäßige Bedeutung der optischen Aktivität, Naturwissenschaften **19**, 854, 1931.

analyse bestimmten Basiszellen, aus denen es aufgebaut ist. Beim NaCl säßen die Na-Ionen in den Ecken des großen Würfels und in dessen Flächenmitten, von den Cl-Ionen eins in der Würfelmitte, die übrigen in den Kantenmitten. Beim $NaClO_3$ sind je ein Na- und ein ClO_3-Ion in der angedeuteten Reihefolge auf den Diagonalen der kleinen Würfel einander genähert, je um ein Sechstel dieser Diagonalenlänge. So rückt der Kristall in eine niedrigere Symmetrieklasse des regulären Systems, die niedrigste, ohne Symmetrieebene. Dafür gewinnen aber die ClO_3-Ionen als die fürs Sichtbare entscheidenden Resonatoren windschiefe Vorzugsrichtungen auf benachbarte Na-Partner zu, ähnlich wie wir sie in dem einfachen Modell der Figur 117 als Folge einer „Koppelung" voraussetzen mußten.

Um die schraubenförmige Anordnung dieser Vorzugsrichtungen noch augenfälliger zu machen, ist in dem Modell Fig. 119 die Würfeldiagnole senkrecht gestellt. Drei kleine Würfel von den achten der Fig. 118 sind als kleine Drahtgestelle zu sehen und als Holzkugeln drei der Vertikalachse benachbarte ClO_3-Ionen in der symmetrischen Lage, wie sie die Cl-Ionen im Steinsalz inne hätten. Durch sie sind drei horizontale (Oktaeder-) Ebenen gelegt, dreieckige weiße Bleche, außerdem kleine Vertikalbleche, deren Oberkanten, allesamt nach oben aus den Horizontalebenen heraustretend, die Vorzugsrichtungen auf die nächsten Na-Partner hin angeben. Die Schraubung um die Mittelachse ist deutlich. Die **Gitterstruktur** ist es, die diese Schraubung und damit die optische Drehung mit sich bringt.

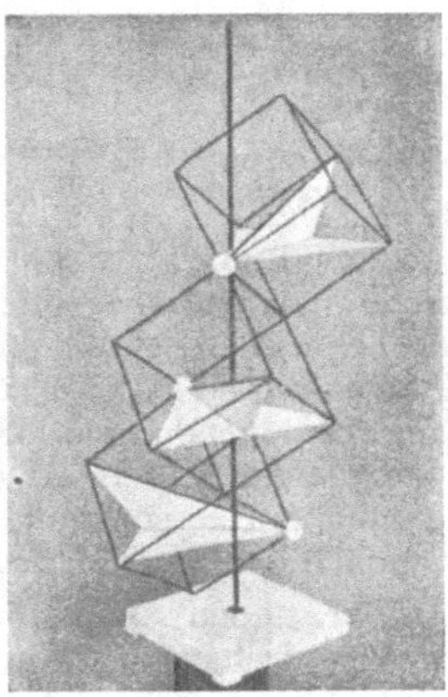

Fig. 119. Schraubenstruktur des Natriumchlorats

In der älteren Theorie waren Sonderannahmen nötig, z. B. die, daß die mitschwingungsfähigen Elektronen sich nicht geradlinig, sondern auf Schraubenlinien zu bewegen hätten.

Daß Schraubenstruktur optische Drehung ergeben kann, ist seit langem bekannt. Reusch ist es bereits 1869 gelungen, durch Aufeinanderpacken einer größeren Zahl von Glimmerlamellen (12 bis 36) gleicher geringer Dicke im Versuch eine Drehung ohne Doppelbrechung zu erzielen. (Solche Präparate sind heute im Handel zu haben.) Er schichtete sie so übereinander, daß die Spur

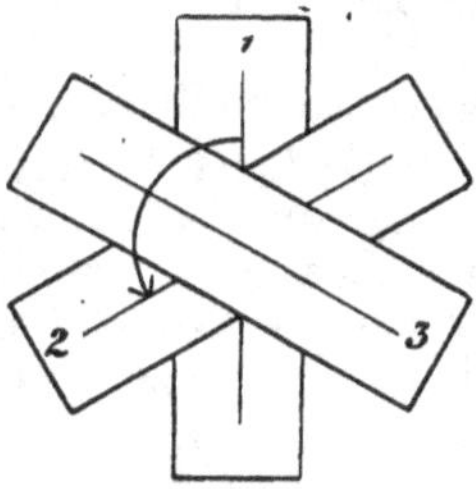

Fig. 120

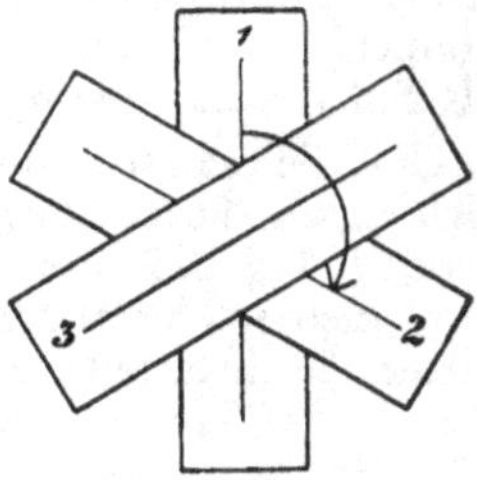

Fig. 121

Reuschs Glimmerkombinationen

der Achsenebene, die Schwingungsrichtung der langsameren Welle in einem Plättchen immer um 120° gegen die des darunterliegenden gedreht war, und beobachtete, je nachdem dieser Winkel im entgegengesetzten Sinne des Uhrzeigers (Fig. 120) oder im Sinne des Uhrzeigers (Fig. 121) genommen wurde, Drehung der Schwingungsrichtung nach links oder rechts. Rechnerisch ergibt sich das durch elementare Komponentenzerlegungen und -zusammenfassungen im Sinne des § 14.

Besser noch als beim Natriumchlorat ist später bei andern drehenden Kristallen Rechnung und Versuch in Einklang gebracht worden. Dazu gehört unser Hauptvertreter, der Quarz, bei dem Hylleraas 1927 Drehvermögen wie Doppelbrechung berechnet hat. An ihm ist auch die bisher genaueste experimentelle Bestätigung der Gittertheorie drehender Kristalle gewonnen worden (Szivessy und Münster 1934).

Somit sind wesentliche Probleme der Gitteroptik nicht nur in den Grundzügen gelöst, sondern bis zur Angabe von Zahlenwerten gefördert. Andere, wie das der Absorption, harren noch einer befriedigenden Theorie. Im ganzen gesehen bleibt noch sehr viel zu tun. Eine gekürzte Übersicht wie diese entgeht kaum der Gefahr einer allzu großen Glättung.

Namen- und Sachverzeichnis

WALTER DE GRUYTER & CO., BERLIN W 35

SAMMLUNG GÖSCHEN

Jeder Band DM 2,40

Naturwissenschaften und Technik

Mathematik

Geschichte der Mathematik. Von J. E. Hofman. I.: Von den Anfängen bis zum Auftreten von Fermat und Descartes. 199 S. 1952. In Vorbereitung . . . . Bd. 226

Mathematische Formelsammlung. Von F. Ringleb. 5., verbesserte Aufl. Mit 57 Fig. 274 S. 1949 . . . . Bd. 51

Formelsammlung zur praktischen Mathematik. Von G. Schulz. Durchgesehener Neudruck. Mit 10 Abb. 147 S. 1945 . . . . Bd. 1110

Vierstellige Tafeln und Gegentafeln. Für logarithmisches und trigonometrisches Rechnen in zwei Farben. Zusammengestellt von H. Schubert und R. Haussner. Neudruck. 181 S. 1952. In Vorbereitung . . . . Bd. 81

Fünfstellige Logarithmen. Mit mehreren graphischen Rechentafeln und häufig vorkommenden Zahlwerten. Von A. Adler. 2. Aufl. Neudruck. Mit 1 Tafel. 127 S. 1949 Bd. 423

Einführung in die Zahlentheorie. Von A. Scholz. 2. Aufl. 136 S. In Vorbereitung . . . . Bd. 1131

Arithmetik. Von P. B. Fischer. 2. Aufl. Neudruck. Mit 19 Abb. 152 S. 1951. In Vorbereitung . . . . Bd. 47

Höhere Algebra. Von H. Hasse. I.: Lineare Gleichungen. 3., verbess. Aufl. 152 S. 1951 . . . . Bd. 931

II.: Gleichungen höheren Grades. 3., verbess. Aufl. 5 Fig. 158 S. 1951 . . . . Bd. 932

Determinanten Von P. B. Fischer. 4., umgearb. Aufl. Neudruck. 116 S. 1952 . . . . Bd. 402

Gruppentheorie. Von L. Baumgartner. 2. Aufl. Mit 6 Fig. 115 S. 1949 . . . . Bd. 837

Aufgabensammlung zur höheren Algebra. Von H. Hasse und W. Klobe. 2., vermehrte u. verbesserte Aufl. 1952 . Bd. 1082

Mengenlehre. Von E. Kamke. 3. Aufl. Mit 6 Fig. 160 S. 1952. In Vorbereitnug . . . . Bd. 999

Elemente der Funktionentheorie. Von K. Knopp. 3. Aufl. Mit 23 Fig. 144 S. 1949 . . . . Bd. 1109

Funktionentheorie. Von K. Knopp. I.: Grundlagen der allgemeinen Theorie der analytischen Funktion. 7. Aufl. Mit 8 Fig. 139 S. 1949 . . . . Bd. 668

II.: Anwendungen und Weiterfühung der allgemeinen Theorie. 7. Aufl. Mit 7 Fig. 130 S. 1949 . . . . Bd. 703

Aufgabensammlung zur Funktionentheorie. Von K. Knopp. I.: Aufgaben zur elementaren Funktionentheorie. 4. Aufl. 135 S. 1949 . . . . Bd. 877

II.: Aufgaben zur höheren Funktionentheorie. 4. Aufl. 151 S. 1949 . . . . Bd. 878

Gewöhnliche Differentialgleichungen. Von G. Hoheisel. 4., neubearbeitete Aufl. 129 S. 1951 . . . . Bd. 920

Partielle Differentialgleichungen. Von G. Hoheisel. 3., neubearb. Aufl. 130 S. 1952. In Vorbereitung . . . . . . Bd. 1003

Aufgabensammlung zu den gewöhnlichen und partiellen Differentialgleichungen. Von G. Hoheisel. 2., umgearb. Aufl. 1952. Erscheint demnächst . . . . Bd. 1059

Differentialrechnung. Von A. Witting. 3., neubearb. Aufl. Durchgesehener Neudruck. Mit 95 Fig. und 200 Beispielen. 201 S. 1949 . . . . Bd. 87

Repetitorium und Aufgabensammlung zur Differentialrechnung. Von A. Witting. 2. Aufl. Neudruck. 122 S. 1949 . . . . Bd. 146

Integralrechnung. Von A. Witting. 2., verbesserte Aufl. Durchgesehener Neudruck. Mit 62 Fig. und 190 Beispielen. 176 S. 1949 . . . . Bd. 88

Repetitorium und Aufgabensammlung zur Integralrechnung. Von A. Witting. 2. Aufl. Neudruck. 121 S. 1949 . . . Bd. 147

Einführung in die konforme Abbildung. Von L. Bieberbach. 4. Aufl. Mit 42 Zeichnungen. 147 S. 1949 . . . . . . Bd. 768

Darstellende Geometrie. Von R. Haussner. 1. Teil: Elemente, ebenflächige Gebilde. 6., unveränderte Aufl. Mit 110 Fig. 207 S. 1947 . . . . Bd. 142

2. Teil: Perspektive ebener Gebilde, Kegelschnitte. 5., unveränderte Aufl. Mit 88 Fig. 168 S. 1947 . . . . . . Bd. 143

Sammlung von Aufgaben und Beispielen zur analytischen Geometrie der Ebene. Von R. Haussner. Neudruck. Mit 22 Fig. 139 S. 1949 . . . . Bd. 256

Ebene und sphärische Trigonometrie. Von G. Hessenberg. 4. Aufl., Neudruck. 1952. In Vorbereitung . . . . . Bd. 99

Nichteuklidische Geometrie. Hyperbolische Geometrie der Ebene. Von R. Baldus. 3., verbess. Aufl. durchges. von F. Löbell. Mit 70 Fig. 140 S. 1952. In Vorbereitung . Bd. 970

Vermessungskunde. Von P. Werkmeister. I.: Stückmessung und Nivellieren. 9. Aufl. Mit 145 Fig. 172 S. 1949 Bd. 468

II.: Messung von Horizontalwinkeln. Festlegung von Punkten im Koordinatensystem. Absteckungen. 7. Aufl. Mit 63 Fig. 151 S. 1949 . . . . Bd. 469

III.: Trigonometrische und barometrische Höhenmessung. Tachymetrie und Topographie. 6. Aufl. Mit 64 Fig. 147 S. 1951. 1949 . . . . Bd. 862

Vektoranalysis. Von S. Valentiner. 7., wesentlich veränderte Aufl. Mit 19 Fig. 138 S. 1950 . . . . Bd. 354

Physik / Chemie / Allgemeine, anorganische, organische und experimentelle Chemie / Elektrochemie / Technologie

Physikalische Formelsammlung. Von G. u. K. Mahler. 8., verbesserte Aufl. Mit 69 Fig. 153 S. 1950. Erscheint demnächst . . . . Bd. 136

Physikalische Aufgabensammlung. Von G. u. K. Mahler. Mit den Ergebnissen. 7., verbess. Aufl. 127 S. 1952. Erscheint demnächst . . . . Bd. 243

Differentialgleichungen der Physik. Von E. Sauter. 2. Aufl. Mit 16 Fig. 148 S. 1950 . . . . Bd. 1070

Einführung in die Kristalloptik. Von E. Buchwald. 4., verbess. Aufl. Mit 121 Fig. 138 S. 1952. Erscheint demnächst . . . . Bd. 619

Physikalisch-Chemische Rechenaufgaben. Von E. Asmus. 2. Aufl. 96 S. 1949 . . . . Bd. 445

Vektoranalysis. Von S. Valentiner. 7., wesentl. veränderte Aufl. Mit 19 Fig. 138 S. 1950 . . . . Bd. 354

Geschichte der Chemie. Von G. Lockemann. Bd. I: Vom Altertum bis zur Entdeckung des Sauerstoffs. Mit 8 Bildnissen. 142 S. 1950 . . . . Bd. 264

Allgemeine und physikalische Chemie. Von W. Schulze.
I. Teil: 3., durchgesehene Aufl. Mit 22 Fig. 146 S. 1949 Bd. 71
II. Teil: 3., durchgesehene Aufl. Mit 36 Fig. 160 S. 1949 Bd. 698

Physikalisch-Chemische Rechenaufgaben. Von E. Asmus. 2. Aufl. 96 S. 1949 . . . . Bd. 445

Anorganische Chemie. Von W. Klemm. 6. Aufl. Mit 18 Abb. 184 S. 1944 . . . . Bd. 37

Thermochemie. Von W. A. Roth. 3. Aufl. Mit 16 Fig. Mit 16 Fig. 109 S. 1952. In Vorbereitung . . . . Bd. 1057

Stöchiometrische Aufgabensammlung. Mit den Ergebnissen. Von W. Bahrdt und R. Scheer. 5., verbess. Aufl. Mit 120 S. 1952. Erscheint demnächst . . . . Bd. 452

Organische Chemie. Von W. Schlenk. 5., verbess. Aufl. Mit 17 Fig. 239 S. 1949 . . . . Bd. 38

Analytische Chemie. Von J. Hoppe. I.: Reaktionen. 5., verbesserte Aufl. 135 S. 1950 . . . . Bd. 247
II.: Gang der qualitativen Analyse. 5., verbesserte Aufl. 168 S. 1950 . . . . Bd. 248

Elektrochemie und ihre physikalisch-chemischen Grundlagen. Von A. Dassler. Bd. I: Mit 21 Abb. 149 S. 1950 Bd. 252
Bd. II: Mit 17 Abb. 178 S. 1950 . . . . Bd. 253

Warenkunde. Von K. Hassak und E. Beutel. 7. Auflage, neu bearbeitet von A. Kutzelnigg. Bd. I. Anorganische Waren sowie Kohle und Erdöl. Mit 19 Fig. 116 S. 1947 Bd. 222
Bd. II. Organische Waren. Mit 32 Fig. 143 S. 1949 Bd. 223

Die Fette und Öle. Von K. Braun. 5. vollständig neubearb. und verbess. Aufl. von Th. Klug. 145 S. 1950 . . . . . Bd. 335

Naturwissenschaften / Biologie / Botanik / Zoologie Land- und Forstwirtschaft

Hormone. Von G. Koller. 2. Aufl. Mit 60 Abb. und 19 Tab. 187 S. 1949 . . . . Bd. 1141

Geschlecht und Geschlechtsbestimmung im Tier- und Pflanzenreich. Von M. Hartmann. 2. Aufl. Mit 62 Abb. 155 S. 1951. In Vorbereitung . . . . Bd. 1127

Fortpflanzung im Tier- und Pflanzenreich. Von J. Hämmerling. 2., ergänzte Aufl. Mit 101 Abb. 135 S. 1951 . . Bd. 1138

Grundriß der allgemeinen Mikrobiologie. Von W. Schwartz.
Bd. I: Mit 17 Abb. 104 S. 1949 . . . . Bd. 1155
Bd. II: Mit 12 Abb. 93 S. 1949 . . . . Bd. 1157

Symbiose der Tiere mit pflanzlichen Mikroorganismen. Von P. Buchner. 2., verbesserte und vermehrte Aufl. Mit 121 Abb. 130 S. 1949 . . . . Bd. 1128

Entwicklungsgeschichte des Pflanzenreiches. Von H. Heil. 2. Aufl. Mit 94 Abb. und 1 Tab. 138 S. 1950 . . . . . Bd. 1137

Morphologie der Pflanzen. Von L. Geitler. 3. Aufl. 1951 Bd. 141

Pflanzenzüchtung. Von H. Kuckuck. 2., durchges. Aufl. Mit 12 Abb. 125 S. 1944 . . . . Bd. 1134

Die Laubhölzer. Von W. Neger und E. Münch. 3., durchgesehene Aufl., herausgegeben von B. Huber. Mit 63 Fig. und 7 Tab. 142 S. 1950 . . . . Bd. 718

Vergleichende Physiologie der Tiere. Von K. Herter.
I. Stoff- und Energiewechsel. 3. Aufl. Mit 64 Abb. 155 S. 1950 . . . . Bd. 972
II. Bewegung und Reizerscheinungen. 3. Aufl. Mit 110 Abb. 148 S. 1950 . . . . Bd. 973

Kulturtechnische Bodenverbesserungen. Von O. Fauser.
I.: Allgemeines, Entwässerung. 4., neubearbeitete Aufl. Mit 47 Abb. 122 S. 1947 . . . . Bd. 691
II.: Bewässerung, Ödlandkultur, Umlegung. 4., neubearbeitete Aufl. Mit 67 Abb. 150 S. 1948 . . . . . . Bd. 692

Geologie / Mineralogie / Kristallographie

Geologie. Von H. Cloos. 3. Aufl. 77 Abb. 144 S. 1951 Bd. 13

Mineralogie. Von R. Brauns und K. F. Chudoba. 8., neubearbeitete Aufl. Mit 125 Textfiguren und 9 Abb. auf einer Tafel. 143 S. 1943 . . . . Bd. 29

Petrographie. Von W. Bruhns u. P. Ramdohr. 3., durchgesehene Aufl. Mit 10 Figuren. 117 S. 1949 . . . . . Bd. 173

Kristallographie. Von W. Bruhns und P. Ramdohr. 4. Aufl. 1952 . . . . Bd. 210

Einführung in die Kristalloptik. Von E. Buchwald. 4., verb. Aufl. Mit 121 Fig. 138 S. 1952. Erscheint demnächst . Bd. 619

Lötrohrprobierkunde. Mineraldiagnose mit Lötrohr und Tüpfelreaktion. Von M. Henglein. 3., verbesserte Aufl. Mit 11 Fig. 91 S. 1949 . . . . Bd. 483

Ingenieurwissenschaften

Allgemeines / Maschinenbau / Hoch- und Tiefbau Elektrotechnik / Wasserbau

Technische Tabellen und Formeln. Von W. Müller. 4., überarbeitete Aufl. Von E. Schulze. Mit 105 Fig. 152 S. 1951 Bd. 579

Dynamik. Von W. Müller. I.: Dynamik des Einzelkörpers. 2., verbesserte Aufl. Mit 70 Fig. 160 S. 1952. In Vorbereitung . . . . Bd. 902
II.: Systeme von starren Körpern. 2., verbess. Aufl. Mit 41 Fig. 102 Seiten. 1952. In Vorbereitung . . . . . . Bd. 903

Technische Thermodynamik. Von W. Nusselt.
I.: Grundlagen. 3., verb. Aufl. Mit 71 Abb. 144 S. 1950 Bd. 1084
II.: Theorie der Wärmekraftmaschinen. Neudruck. Mit 87 Abb. und 32 Zahlentafeln. 144 S. 1951 . . . . . . Bd. 1151

Festigkeitslehre. Von W. Gehler und W. Herberg.
I.: Elastizität, Plastizität und Festigkeit der Baustoffe und Bauteile. Durchgesehen und erweit. Neudruck. Mit 118 Bildern. 159 S. 1952. Erscheint demnächst . . . . Bd. 1144

Metallkunde. Von H. Borchers. I.: Aufbau der Metalle und Legierungen. Mit 2 Tab. und 90 Abb. 2. Aufl. 110 S. 1950 . . . . Bd. 432
II. Eigenschaften, Grundzüge der Form und Zustandsgebung. Mit 8 Tab., 100 Abb. 2. Aufl. 154 S. 1951 Bd. 433

Getriebelehre. Von P. Grodzinski u. H. Polster. I.: Geometrische Grundlagen. 2. Aufl. Mit 127 Fig. 1952. In Vorbereitung . . . . Bd. 1061

Die Maschinenelemente. Von E. vom Ende. 2., verbesserte Aufl. Mit 173 Fig. und 12 Taf. 159 S. 1950 . . . . . Bd. 3

Das Maschinenzeichnen mit Einführung in das Konstruieren. Von W. Tochtermann.
I.: Das Maschinenzeichnen. 4. Aufl. Mit 77 Taf. 156 S. 1950 Bd. 589
II.: Ausgeführte Konstruktionsbeispiele. 4. Aufl. Mit 58 Taf. 130 S. 1950 . . . . Bd. 590

Die Dampfkessel und Feuerungen einschließlich Hilfseinrichtungen in Theorie, Konstruktion und Berechnung. Von W. Marcard. 2. Aufl., neubearbeitet von K. Beck.
I.: Die theoretischen Grundlagen. Wärme, Verbrennung, Wärmeübertragung. Mit 42 Abb. u. 16 Tab. 150 S. 1951 Bd. 9
II.: Dampfkessel. Mit 53 Abb. 147 S. 1952. In Vorbereitung . . . . Bd. 521

Gießereitechnik. Von H. Jungbluth. I. Teil: Eisengießerei. Mit 44 Abb. 126 S. 1951 . . . . Bd. 1159

Autogenes Schweißen und Schneiden. Von H. Niese. 5. Aufl., neubearb. von A. Küchler. Mit 71 Fig. 136 S. 1952. In Vorbereitung . . . . Bd. 499

Die wichtigsten Baustoffe des Hoch- und Tiefbaues. Von O. Graf. 3., verbesserte Aufl. Mit 58 Abb. 136 S. 1947 Bd. 984

Baustoffverarbeitung und Baustellenprüfung des Betons. Von A. Kleinlogel. 2., neubearb. u. erweiterte Aufl. Mit 35 Abb. 126 S. 1951 . . . . Bd. 970

Fenster, Türen, Tore aus Holz und Eisen. Von W. Wickop. 3., überarb. und ergänzte Aufl. Mit 96 Abb. 154 S. 1949 Bd. 1092

Heizung und Lüftung. Von J. und W. Körting. I.: Das Wesen und die Berechnung der Heizungs- und Lüftungsanlagen. 8., neubearb. Aufl. Mit 29 Abb. und 18 Zahlentafeln. 140 S. 1951 . . . . Bd. 342
II.: Die Ausführung der Heizungs- u. Lüftungsanlagen. 8. Aufl. 1952. In Vorbereitung . . . . Bd. 343

Die Gleichstrommaschine. Von K. Humburg.
I. Durchgesehener Neudruck. Mit 59 Abb. 102 S. 1949 Bd. 257
II. Durchgesehener Neudruck. Mit 38 Abb. 98 S. 1949 Bd. 881

Die synchrone Maschine. Von K. Humburg. Neudruck. Mit 78 Bildern. 109 S. 1951 . . . . Bd. 1146

Transformatoren. Von W. Schäfer. 2. Aufl. Mit 74 Abb. 128 S. 1949 . . . . Bd. 952

Die komplexe Berechnung von Wechselstromschaltungen. Von H. H. Meinke. Mit 114 Abb. 160 S. 1949 . . . . Bd. 1156

Theoretische Grundlagen zur Berechnung der Schaltgeräte. Von F. Kesselring. 3. Aufl. Mit 92 Abb. 144 S. 1950 . . Bd. 711

Elektromotorische Antriebe. (Grundlagen für die Berechnung.) Von A. Schwaiger. 3., neubearb. Aufl. Mit 34 Abb. 95 S. 1952. In Vorbereitung . . . . Bd. 827

Überspannungen und Überspannungsschutz. Von G. Frühauf. Durchges. Neudruck. Mit 98 Abb. 122 S. 1950 . . . . Bd. 1132

Verkehrswasserbau. Von H. Dehnert. I.: Entwurfsgrundlagen, Flußregelungen. Mit 52 Textabb. 103 S. 1950 Bd. 585
II.: Flußkanalisierungen und Schiffahrtskanäle. Mit 60 Textabb. 94 S. 1950 . . . . Bd. 597
III.: Schleusen und Hebewerke. Mit 70 Textabb. 98 S. 1950 . . . . Bd. 1152

Wehr- und Stauanlagen. Von H. Dehnert. Mit 90 Abb. Etwa 136 S. 1952. In Vorbereitung . . . . Bd. 965

Geisteswissenschaften

Philosophie / Psychologie

Einführung in die Philosophie. Von H. Leisegang. 145 S. 1951 . . . . Bd. 281
Hauptprobleme der Philosophie. Von G. Simmel. 7., unveränderte Auflage. 177 S. 1950 . . . . Bd. 500
Erkenntnistheorie. I. Allgemeine Grundlegung. Von G. Kropp. 143 S. 1950 . . . . Bd. 807
Die geistige Situation der Zeit. (1931). Von K. Jaspers. 2., unveränderter Abdruck der im Sommer 1932 bearbeiteten 5. Aufl. 232 S. 1949 . . . . Bd. 1000
Philosophisches Wörterbuch. Von M. Apel. 3., neubearb. Aufl. 260 S. 1950 . . . . Bd. 1031
Therapeutische Psychologie. (Freud, Adler, Jung). Von W. M. Kranefeldt. 2. Aufl. 152 S. 1950 . . . . Bd. 1034

Religionswissenschaften

Jesus. Von M. Dibelius. 2. Aufl. Neudruck. 141 S. 1949. Bd. 1130
Paulus. Von M. Dibelius. Hrsg. und zu Ende geführt von W. G. Kümmel. 155 S. 1951 . . . . Bd. 1160

Musik / Kunst

Systematische Modulation. Von R. Hernried. 2. Aufl. 136 S. 1950 . . . . Bd. 1094
Der Polyphone Satz. I. Der cantus-firmus-Satz. Von E. Pepping. 2. Aufl. 223 S. 1950 . . . . Bd. 1148
Die Technik des Klavierspiels. Von K. Schubert. 2. Aufl. 132 S. 1946 . . . . Bd. 1045
Die Musik des 19. Jahrhunderts. Von W. Oehlmann. 180 S. 1952. In Vorbereitung . . . . Bd. 170
Stilkunde. I. Vorzeit, Antike, Mittelalter. Von H. Weigert. 2. Aufl. Mit 94 Abb. 136 S. 1952. In Vorbereitung . . Bd. 80
II. Spätmittelalter und Neuzeit. 2. Aufl. Mit 84 Abb. 147 S. 1952. In Vorbereitung . . . . Bd. 781

Geschichte

Allgemeines / Vor- und Frühgeschichte / Altertum, Mittelalter und Neuzeit / Kulturgeschichte

Einführung in die Geschichtswissenschaft. Von P. Kirn. 2. Aufl. 121 S. 1952. Erscheint demnächst . . . . Bd. 270
Kultur der Urzeit. Bd. I: Die vormetallischen Kulturen. (Die Steinzeiten Europas. Gleichartige Kulturen in anderen Erdteilen.) Von F. Behn. 4. Aufl. Mit 48 Abb. 172 S. 1950 . . . . Bd. 564
Bd. II: Die älteren Metallkulturen. (Der Beginn der Metallbenutzung. Kupfer- und Bronzezeit in Europa, im Orient und Amerika.) 4. Aufl. Mit 67 Abb. 160 S. 1950 . . . . Bd. 565
Bd. III: Die jüngeren Metallkulturen. (Das Eisen als Kulturmetall. Hallstatt- und Latène-Kultur in Europa. Das erste Auftreten des Eisens in den anderen Weltteilen.) 4. Aufl. Mit 60 Abb. 149 S. 1950 . . . . Bd. 566
Vorgeschichte Europas. Von F. Behn. 7. Aufl. Mit 47 Abb. 125 S. 1949 . . . . Bd. 42

Vor- und Frühzeit der Mittelmeerländer. I. Das östliche Mittelmeer. Von J. Wiesner. Mit einer Textabb. und 7 Tafeln. 177 S. 1943 . . . . Bd. 1149
II. Das westliche Mittelmeer. Mit 3 Textabb. und 7 Tafeln. 129 S. 1943 . . . . Bd. 1150
Römische Geschichte. I. Teil: Bis zur Schlacht bei Pydna. Von F. Altheim. 123 S. 1948 . . . . Bd. 19
II. Teil: Bis zur Begründung des Prinzipats. 141 S. 1948 Bd. 677
Zeitrechnung der römischen Kaiserzeit, des Mittelalters und der Neuzeit. Für die Jahre 1—2000 n. Chr. Von H. Lietzmann. 2. Aufl. besorgt d. A. Hofmeister. 126 S. 1952. In Vorbereitung . . . . Bd. 1085
Quellenkunde der deutschen Geschichte im Mittelalter. (Bis zur Mitte des 15. Jahrh.) I. Einleitung. Allgemeiner Teil. Die Zeit der Karolinger. Von K. Jacob. 5. Aufl. 118 S. 1949 . . . . Bd. 279
II. Die Kaiserzeit (911—1250). 4. Aufl. 127 S. 1949 . . Bd. 280
III. Das Spätmittelalter (vom Interregnum bis 1500). Unter Verwendung des Nachlasses von K. Jacob. Herausgegeben von F. Weden. 152 S. 1952. Erscheint demnächst Bd. 284
Von den Karolingern zu den Staufern. Die altdeutsche Kaiserzeit (900—1250). Von J. Haller. 3. Aufl. Mit 4 Karten. 141 S. 1944 . . . . Bd. 1065
Deutsche Geschichte im Zeitalter der Reformation, der Gegenreformation und des 30jährigen Krieges. Von F. Hartung. 129 S. 1951 . . . . Bd. 1105
Geschichte Englands. Teil I: bis 1815. Von H. Preller. 3., stark umgearbeitete Auflage. Mit 2 Karten. 135 S. 1952. In Vorbereitung . . . . Bd. 375
Geschichte der Mathematik. I. Von den Anfängen bis zum Auftreten von Fermat und Descartes. Von J. E. Hofmann. 199 S. 1952. In Vorbereitung . . . . Bd. 226
Geschichte der Chemie. Bd. I: Vom Altertum bis zur Entdeckung des Sauerstoffs. Von G. Lockemann. Mit 8 Bildnissen. 142 S. 1950 . . . . Bd. 264

Sprach- und Literaturwissenschaft

Indogermanisch / Germanisch

Indogermanische Sprachwissenschaft. Von H. Krahe. 2. Aufl. 134 S. 1948 . . . . Bd. 59
Sanskrit-Grammatik. Von M. Mayrhofer. 89 S. 1952. In Vorbereitung . . . . Bd. 1158
Germanische Sprachwissenschaft. Bd. I: Einleitung und Lautlehre. Von H. Krahe. 2. Aufl. 127 S. 1948 . . . Bd. 238
Bd. II: Formenlehre. 2. Aufl. 140 S. 1948 . . . . . . Bd. 780
Altnordisches Elementarbuch. Schrifttum, Sprache, Texte mit Übersetzung und Wörterbuch. Von F. Ranke. 2., durchgesehene Aufl. 146 S. 1949 . . . . Bd. 1115

Deutsche Sprache und Literatur

Deutsche Wortkunde. Eine kulturgeschichtliche Betrachtung des deutschen Wortschatzes. Von A. Schirmer. 3. Aufl. 109 S. 1949 . . . . Bd. 929
Deutsches Dichten und Denken von der germanischen bis zur staufischen Zeit. (Deutsche Literaturgeschichte vom 5. bis 13. Jhdt.) Von H. Naumann. 2., verbess. Aufl. 166 S. 1952. Erscheint demnächst. . . . . Bd. 1121

Der Nibelunge Nôt. In Auswahl mit kurzem Wörterbuch. Von K. Langosch. 9., umgearbeitete Aufl. 163 S. 1952. In Vorbereitung . . . . Bd. 1

Deutsches Dichten und Denken vom Mittelalter zur Neuzeit. (1270—1700.) Von G. Müller. 2. Aufl. 159 S. 1949 Bd. 1086

Deutsches Dichten und Denken von der Aufklärung bis zum Realismus. (1700—1890.) Von K. Viëtor. 2. Aufl. 156 S. 1949 . . . . Bd. 1096

Englische Sprache / Romanische Sprache und Literatur

Altenglisches Elementarbuch. Einführung, Grammatik. Texte mit Übersetzung und Wörterbuch. Von M. Lehnert. 2., verbesserte und vermehrte Aufl. 176 S. 1950 Bd. 1125

Beowulf. Eine Auswahl mit Einführung, teilweiser Übersetzung, Anmerkungen und etymologischem Wörterbuch. Von M. Lehnert. 2., verbesserte Aufl. 135 S. 1949 Bd. 1135

Italienische Literaturgeschichte. Von K. Voßler. Unveränderter Nachdruck der 1927 erschienenen 4., durchgesehenen und verbesserten Aufl. 148 S. 1948 . . . Bd. 125

Griechisch / Lateinisch

Geschichte der griechischen Sprache. I. Bis zum Ausgang der klassischen Zeit. Von O. Hoffmann. 3., stark umgearbeitete Aufl. von A. Debrunner. 144 S. 1952. In Vorbereitung . . . . Bd. 111

Geschichte der griechischen Literatur. I. Von den Anfängen bis auf Alexander d. Gr. Von W. Nestle. 2., verbesserte Aufl. Neudruck. 148 S. 1950 . . . . Bd. 70
II. Von Alexander d. Gr. bis zum Ausgang der Antike. 2., verbesserte Aufl. 128 S. 1945 . . . . Bd. 557

Geschichte der lateinischen Sprache. Von F. Stolz. 3., stark umgearbeitete Aufl. von A. Debrunner. 136 S. 1952. In Vorbereitung . . . . Bd. 492

Orientalia / Russisch

Sanskrit-Grammatik. Von M. Mayrhofer. 89 S. 1952. In Vorbereitung . . . . Bd. 1158

Hebräische Grammatik. I. Band: Schrift-, Laut- und Formenlehre I. Von G. Beer. 2., völlig umgearb. Aufl. von R. Meyer. 157 S. 1952. In Vorbereitung . . . Bd. 763

Russische Grammatik. Von E. Berneker und M. Vasmer. 6., unveränderte Aufl. 155 S. 1947 . . . . Bd. 66

Erd- und Länderkunde

Kartenkunde. Von M. Eckert-Greifendorff. Durchgesehen von W. Kleffner. 3. Aufl. Mit 63 Abb. 149 S. 1950 . . Bd. 30

Australien und Ozeanien. Von H.-J. Krug. Mit 46 Skizzen. 176 S. 1952. In Vorbereitung . . . . Bd. 319

Wirtschaftswissenschaften / Gesellschaftskunde

Allgemeine Betriebswirtschaftslehre. Von K. Mellerowicz. 3 Bde.: 7. Aufl. 1952. In Vorbereitung. . . Bd. 1008, 1153, 1154

Soziologie. Geschichte und Hauptprobleme. Von L. v. Wiese. 4. Aufl. 151 S. 1950. . . . . Bd. 101